금쪽같은 내 강아지,
어떻게 키울까?

13년차 반려견 훈련사 왈샘이 알려주는 반려견 교육법

금쪽같은 내 강아지,
어떻게 키울까?

박두열 지음

13년차 반려견 훈련사 왈샘이 알려주는 반려견 교육법 ——

푸른향기
Prunhed Publishing Co.

당신의 강아지는
'개'인가요, '반려견'인가요?

안녕하세요. 왈스 대표훈련사 박두열입니다.

저는 강아지훈련을 한 지 올해로 13년째인데요. 제가 처음 이 일을 시작
했을 때는 '반려견'이 아니라 '개'로 키웠던 시대였던 것 같아요. 강아지에
대해 크게 관심도 없었고, 그냥 마당에서 집을 지키는 동물에 불과했죠. 하
지만 시대가 지날수록 '개'보다는 집안에서 함께 공존하는 '반려견'으로서
가족 같은 존재가 되었습니다. 때론 친구가 되어주고, 말동무도 되어주고,
힘이 되어주기도 하죠.

요즘 강아지들은 사람과 많은 교감을 하며 자식처럼, 또는 동생처럼 일
상을 함께 하고 있어요. 하지만 반려견으로 인식되면서부터 정말 많은 문
제행동이 생긴 것 같아요. 제가 처음 강아지훈련을 시작했을 때는 문제행
동이 있는 강아지들이 거의 없었어요. 예전의 강아지들은 사람이 싫은 행
동을 하면 그냥 참았어요. 빗질할 때도 참고, 발 닦을 때도 참고… 무조건

참고만 살았죠. 지금 생각해보면 예전의 강아지들은 참 가여웠어요.

요즘 강아지들은 자기표현에 능숙합니다. 싫은 일은 거부하고, 때론 사람을 물기도 하죠. 어쩌면 자기표현을 하는 게 당연한 일이지만, 사람과 공존하는 삶을 살려면 어느 정도의 기본적인 예절교육이 꼭 필요하다고 생각합니다. 마냥 예뻐만 해주지 말라는 뜻이에요. 반려견에게 무분별하게 과도한 사랑을 주게 되면, 보호자에게 필요 이상의 애착이 형성되어 분리불안으로 연결될 수 있습니다.

또는 보호자를 지키기 위해 본능적으로 짖거나 여타 문제행동들이 생길 수 있습니다. 반려견은 생각 없이 키우면 안 됩니다. 머리가 워낙 좋아서 제대로 키우지 않으면 같이 살지 못할 정도로 문제행동이 많아질 수 있습니다.

만일 '개'로 키우실 거라면 교육 같은 건 하지 않아도 되지만, '반려견'으로 사랑을 주며 키우실 거라면 기본적인 교육은 꼭 해주셔야 합니다. 세상을 살아가기 위해 사람도 어렸을 때부터 학교를 다니며 교육을 받는 것처럼, 강아지도 어릴 때부터 꾸준한 교육을 해주셔야 합니다.

꼭 전문가한테 받으라는 게 아닙니다. 인터넷 검색만 해도 많은 정보가 나와 있으니 천천히, 하나씩 하나씩 연습해주세요. 이제는 '개'가 아닌 '반려견'이기 때문에 그에 맞는 지식을 갖춘 보호자가 되어주셔야 합니다.

훌륭한 보호자는 그저 사랑만 주는 사람이 아니고, 반려견이 사람과 함께 살아가기 위해 필요한 기본적인 교육과 규칙들을 알려주고 이끌어주는 사람입니다.

Contents

Chapter 4
강아지 행동 이해하기

Chapter 5
강아지 문제행동 예방

Chapter 6
강아지 문제행동 대처법

Chapter 7
강아지의 여름나기와 겨울나기

Chapter 1

강아지 입양

반려견 입양을 고민하시는 분들에게

1인 가구가 늘어나면서 집안에서 반려동물을 키우는 분도 늘고 있습니다. 반려동물 인구 1,500만 시대가 되었어요. 3인 가구 중 1인 가구는 반려동물과 같이 사는 게 당연하고, 그만큼 반려동물도 사람과 함께 공존하며 살아가고 있는 것 같아요. 어렸을 때부터 키우다 하늘나라로 떠나보낸 가정도 있을 테고, 이제 막 반려견 입양을 해서 키우는 가정도 있을 거라고 생각합니다.

예전에는 길을 지나가다가 강아지가 예쁘면 장난감처럼 그냥 무작정 데려오던 시대도 있었어요. 그런데 요즘에는 반려동물 생명에 대해 소중하게 생각하고 '과연 내가 잘 키울 수 있을까?' '평생 책임져야 하는데.'라는 생각 때문에 고민을 많이 하며 입양을 하는 것 같아요. 이런 걸 보면 우리나라도 점점 반려동물 선진국이 되어가고 있는 것 같아요. 매우 바람직한 일이라고 생각합니다.

반려견 훈련사를 오래 하면서 만난 보호자님 중에는 무책임하게 입양을 한 분도 계시고, 정말 많은 걱정과 고민을 하면서 데려온 분도 계셨어요. 어떤 보호자와 함께 하게 되느냐에 따라서 반려견들도 성격, 성향, 기질, 문제행동 등 많이 변하는 것 같습니다.

아무 생각 없이 그저 예뻐서 데려오신 분들은 강아지를 예뻐만 해주다 보니, 강아지에 대해서 모르는 게 많았어요. 강아지가 어떤 걸 불편해하는지, 어떤 걸 싫어하는지, 얘가 왜 이러나 혼만 내고…. 강아지를 이해하고 존중하기보다는 짜증만 내는 분들도 계셨어요.

반대로 많은 고민 후 입양을 하시는 분들은 반려견과 잘 살아가기 위해 미리 공부를 많이 하셔서 강아지가 어떤 걸 불편해하는지, 어떤 행동을 했을 때 싫어하는지 알고 계시고, 데려오고 나서도 바로 교육을 하며 신경도 많이 쓰고, 강아지를 존중해주며 함께 공존하기 위해 기본적인 규칙부터 많은 걸 가르치고 계셨습니다.

반려견 입양, 예쁘다고, 남들이 다 키운다고 해서 무조건 데려오면 안 됩니다. 내가 과연 20년 동안 잘 키울 수 있을까? 산책은 매일 시킬 수 있을까? 몸이 안 좋아져서 병원비가 많이 나와도 치료를 잘해줄 수 있을까? 혼자 있는 시간이 얼마나 될까? 외로워하지는 않을까? 내가 충분한 사랑을 줄 수 있을까? 문제행동이 생기면 교육시킬 수 있을까? 평생 책임질 수 있을까? 정말 많은 생각과 고민을 해야 합니다. 한 생명을 데리고 오면 평생 책임을 져야 합니다. 그게 보호자의 도리라고 생각합니다.

예를 들면 20대에 혼자 살 때 강아지를 데려왔는데 다른 지역으로 이사를 하며 본가로 보내게 되고, 혼자 살다가 좋은 사람을 만나 결혼을 했는데, 배우자가 반려견 거부를 해서 여건상 키울 수가 없게 되어 보호자를 떠나 다른 집에 가게 되고, 부부가 함께 키웠는데 문제행동이 심해진 상태에서 아이를 낳게 되다 보니 아이 때문에 못 키우게 되고, 사고가 크게 났는데 수술비 때문에 수술할 수가 없어서 하늘나라로 가게 되고, 이러한 여러 상황 때문에 보호자가 바뀌게 되면 반려견들이 정신적으로 많은 스트레스를 받게 됩니다.

물론 세상을 살다 보면 예측하지 못했던 상황에 마주하게 될 때도 있고, 계획하고 예측했는데도 변수들이 생길 수 있습니다. 그렇기 때문에 우리는 그 변수들까지도 생각해보고 고민하고 최선의 대비를 해야 합니다. 따라서 강아지 입양을 하려면 최소 1~2년 정도는 곰곰이 생각해보고 입양하기를 권합니다.

금쪽같은 내 강아지,
어떻게 키울까?

사람밖에 모르는 반려견들, 오직 사람 때문에 살고 있는 반려견들에게 상처를 줘서는 안 됩니다. 강아지를 키우려면 그만한 책임감을 느껴야 하는 게 당연한 일입니다. 내가 행복하자고 무작정 키워서는 안 된다고 생각합니다.

강아지 입양을 결정하기 전에 아래 열 가지 사항을 체크해볼까요?

1. 반려견이 집에 혼자 있는 시간이 얼마나 되는지?
2. 여행 갈 때마다 반려견과 같이 갈 수 있는지? 데려가지 못한다면, 맡길 지인이나 믿을만한 위탁장소나 시설은 주위에 있는지?
3. 얼마나 자주 산책을 데리고 나갈 수 있는지? (최소 하루에 두 번, 한 번에 20~30분)
4. 반려견을 키울 수 있는 경제적인 능력은? (용품, 예방접종, 수술비 등)
5. 문제행동이 생겨도 포기하지 않고 잘 교육시킬 수 있는지?
6. 결혼하면 그 후에도 같이 살 수 있는지?
7. 출장을 가는 업무가 많은지?
8. 주말에 항상 같이 시간을 보낼 수 있는지?
9. 퇴근 후에 반려견을 위해 항상 시간을 보낼 수 있는지?
10. 반려견 교육에 대해 관심을 가지고 공부를 계속할 수 있는지?

위 내용을 참고하셔서 과연 나는, 우리 가족은 강아지를 키울 자격이 되는지 확인하시고 입양해주셨으면 좋겠습니다.

강아지 입양,
어떻게 해야 할까요?

강아지를 입양하는 방법은 참으로 다양합니다. 우리나라의 경우 오프라인 매장에 있는 분양샵에 가서 강아지를 많이 데리고 옵니다. 아시는 분들은 아시겠지만, 분양샵에 있는 강아지들은 대부분 강아지 공장에서 나오는 새끼들입니다. 강아지 공장에 대해 인터넷에 검색만 해도 많은 정보가 있으니, 분양샵에서 분양을 하는 분이라면 꼭 검색을 해보셨으면 해요. 강아지 공장은 말도 안 되는 환경이 대부분입니다. 그런 환경에서 나온 어린 강아지들은 건강할 수도 없고, 어미들도 반려견이 아니기 때문에 좋지 않은 습성을 그대로 물려받은 어린 강아지들을 일반 가정에서 키우기는 쉽지 않겠지요.

2~3개월부터 공격성이 심한 강아지들도 있는데, 공장에서 데리고 온 강아지들이 그럴 가능성이 상대적으로 많습니다. 게다가 각종 바이러스로 가

득한 공간에서 바이러스를 많이 옮겨 오기도 해요. 하지만 일반 보호자들은 자신이 선택한 강아지가 어떤 경로로 태어났는지도 잘 모르고, 그저 귀엽고 예쁘다는 이유로 데려옵니다. 물론 모든 분양샵들이 강아지 공장에서 데리고 오는 건 아니에요. 일반 가정에서 낳은 강아지를 분양샵에서 대신 분양해줄 수도 있고, 전문 브리더한테 받아서 분양하는 경우도 있어요. 분양샵에서 분양을 받을 계획이라면, 이 강아지가 어디서 태어났는지, 어미견은 누구인지 꼭 물어봐야 합니다. 이 질문에 답을 못하는 분양샵이라면, 강아지 공장일 가능성이 높습니다.

업무차 일본으로 미팅을 간 적이 있는데, 반려동물 시장이 궁금해서 여기저기 많이 돌아보았습니다. 그중에서 강아지 분양샵을 갔는데, 그곳의 강아지 분양샵은 우리나라와 다르게 출생지가 어디인지, 어미견은 누구인지, 어미견의 보호자는 누구인지 사진까지 대문짝만하게 붙여놓은 걸 보고 매우 놀랐어요. 한국의 강아지 공장처럼 무분별하게 학대를 해가며 교배시키지 않고, 전문 브리더나 일반 가정에서 사랑을 많이 받은 반려견들의 새끼만 분양을 하고 있었어요.

우리나라도 일반 가정에서 나온 반려견들을 분양받을 수는 있습니다. 하지만 많지도 않을뿐더러 워낙 어린 강아지를 찾는 사람이 많다 보니 공급이 수요를 따라갈 수 없는 현실입니다.

강아지 공장에서 태어난 강아지를 가정견이라고 속여 분양하는 분양샵도 수두룩해요. 생명을 가지고 거짓말을 하며 비양심적인 사람들이 정말 많습니다. 강아지 분양샵에서 분양을 하려는 분이 있다면 그 강아지가 어디서 어떻게 태어났는지, 보호자는 누구인지, 강아지 공장에서 태어난 건 아닌지, 전문 브리더인지 꼭 확인해야 하며, 그게 증명이 되지 않는다면 분양을 해서는 안 됩니다.

분양샵을 믿기 힘들다면 전문견사 브리더를 찾는 것도 괜찮습니다. 인터넷에 검색을 해보면 비숑 전문켄넬, 포메라니안 전문켄넬 등 각 견종에 따라 전문견사가 있습니다. 그곳에 문의해보세요. 그것도 아니라면 가장 추천하는 방법은 유기견 입양이나 임시보호입니다.

한 해에 우리나라에 추산되는 유기견의 숫자는 수만 마리에 달합니다. 그만큼 버려지고 유기되는 반려견들이 많다는 뜻이지요. 유기견들도 한때는 사랑받았던 반려견이었을 텐데 말이에요. 이들이 유기견보호소에 있다고 해서 평생 보호를 받는 건 아닙니다. 나라에서 운영하는 대부분의 시 보호소들은 15일 동안 입양자가 나타나지 않으면 안락사를 시키게 됩니다. 정말 슬픈 현실이지요.

이 책을 보고 계신 분 중 강아지 입양을 생각하는 분은 우선 유기견 임시보호부터 시작해보시길 추천드립니다. 임시보호를 하는 동안 우리 가정이 강아지를 키울 수 있는 환경이 되는지, 같이 지내면서 어려움은 없는지, 상처받은 강아지들을 치유해주며 함께 지내다 보면 답이 나올 겁니다. 임시보호를 하다가 자연스럽게 입양까지 이어진다면 더욱 완벽한 일이 되겠지요.

우리나라에 유기견이 많은 이유는 저렴한 비용으로 쉽게 강아지를 분양받을 수 있기 때문이라고 생각합니다. 쉽게 데리고 왔기 때문에 쉽게 버리게 돼요. 예전에 비해 우리나라의 반려동물 문화가 많이 좋아지긴 했지만,

아직도 버려지는 강아지들이 많은 현실을 보면 더 많은 노력이 필요할 것 같아요. 강아지 입양이 힘들고 까다로워진다면, 신중하게 입양하는 사람들이 많아질 거고, 유기견의 수도 그만큼 적어질 거라고 확신합니다. 강아지 입양을 계획 중이라면 임시보호부터 시작해보세요.

Chapter 2

어린 강아지(2~3개월)

어린 강아지가
낑낑거리는 이유와
대처 방법

처음 어린 강아지를 데리고 오면 낑낑거림이 정말 심합니다.

생후 2~3개월 정도 된 어린 강아지들은 안전상의 문제로 어쩔 수 없이 울타리 안에 넣어놓고 키우게 되는데, 울타리 안에서 계속 낑낑거리는 거죠.

일단 강아지가 낑낑거리면 뭔가 불안해 보이는 것처럼 느껴질 수도 있는데, 이것은 정상적인 행동입니다. 관심을 받기 위한 의미이기도 하며, 소리도 정말 다양하고 뜻도 많이 달라요. 어린 강아지가 낑낑대면 어미견이 핥아주거나 젖을 물려주지요. 이렇게 관심을 받게 되면서 스스로 터득하게 되는 거죠. 아, 낑낑거리면 내가 원하는 무언가를 받는구나, 라고 말이죠.

사람으로 치면 신생아도 하루 종일 울고, 아이도 마트를 가면 장난감 사달라고 계속 칭얼거리며 관심을 받으려고 하잖아요. 그와 비슷하다고 생각하면 될 것 같아요.

어린 강아지를 처음 집에 데려오면 낯선 환경이기 때문에 당연히 낑낑거릴 수 있어요. 그런데 보호자는 강아지가 어디가 아픈지, 내가 뭘 잘못하고 있는 건지, 어떻게 해야 하는지, 많은 걱정을 하고 빠르게 대처하려고 해요. 하지만 낑낑거리는 게 좋아지려면 충분한 시간이 필요합니다. 아직 적응이 안 된 상태이기 때문에 무언가를 할 수도 없고 어쩔 수 없습니다. 최대한 스스로 적응할 수 있도록 기다려 주세요.

문제는 강아지를 너무 어릴 때 데려온다는 거예요. 정말 깜짝 놀랐던 게 어떤 강아지는 생후 1개월 반 만에 데려오더라구요. 어미견과 함께 있어야 할 시기인데, 강아지 공장에서 너무 일찍 데려오는 분양샵들이 문제죠. 평균적으로 생후 2개월 정도에 데려오더군요. 사실 2개월도 빠른 편이긴 합니다.

강아지를 너무 어릴 때 데려오기 때문에 낑낑거림뿐만 아니라 무는 버릇 등 문제점이 많아지는 거예요. 최소 2개월 반에서 3개월까지 어미견과 같이 지내면서 낑낑거림, 무는 버릇 등 기본적인 예절을 배운 다음 가정으로 오는 게 맞다고 생각합니다. 이런 기본적인 예절교육은 사람이 알려주는 게 아니라 어미견으로부터 배우는 것입니다.

어린 강아지는 최대한 늦게 데려와야 합니다. 3개월 이후에요. 정상적인 가정에서 낳은 새끼라면 그게 가능하겠지만, 대부분 강아지 공장에서 애견샵으로 너무 일찍 오는 바람에 문제가 발생합니다. 상황에 따라서는 어미견과 어린 강아지를 빨리 분리해야 할 수도 있지만, 어린 강아지는 어미견과 더 오래 지내면서 배워야 해요. 어린 강아지가 어미견의 젖을 심하게 물

면 어미견은 안된다고 알려줍니다. 어린 강아지는 아, 엄마 젖을 강하게 물면 안 되는구나! 라고 생각하며 점점 무는 버릇이 없어집니다. 어미견한테 심하게 장난을 치면 어미견이 심하게 놀지 마! 불편한 거야! 라고 알려주기도 하면서 보호자에 관한 기본적인 개념도 자연스레 익히게 됩니다.

끙끙거림이 심하면 어미견이 보듬어주거나 훈육을 하기도 합니다. 만약 생후 5개월짜리 강아지가 끙끙거린다면 할 수 있는 교육방법은 많습니다. 끙끙거리는 원인을 찾아서 해결해주거나 무시를 하거나, 안돼 훈육을 하면 되지만, 2개월짜리 어린 강아지가 끙끙거린다면 할 수 있는 게 많지 않습니다.

어린 강아지가 유난히 끙끙거리는 요인이 있습니다. 처음 집으로 데려오면 울타리 안에 두고 키우는데 낯선 상황이니 당연히 끙끙거리겠죠? 하지만 이 상태로 무관심하게 밥과 물을 주고 장난감을 조금씩 주고 독립성 있게 지내준다면, 끙끙거림은 점점 없어지게 될 거예요. 그리고 어린 강아지는 배가 고파서 끙끙거림이 잦을 수도 있기 때문에, 사료는 최대한 여러 번에 걸쳐 자주 주시는 게 좋습니다.

시간이 지나고 울타리가 넓어질수록 조금씩 천천히 보호자와 교감할 수 있는 활동을 해주시면 됩니다. 하지만 처음 데려올 때부터 강아지가 낑낑거린다고 불쌍하다고 옆에 가서 안아주고 만져주고 보듬어준다면, 그 당시에는 안정을 취할 수는 있어도 그다음 보호자가 자신한테 관심을 안 주거나 멀리 가버리면 어서 오라고, 꺼내 달라고 계속 낑낑거리겠죠? 대부분 이런 상황 때문에 강아지의 낑낑거림이 심해질 수밖에 없습니다.

강아지가 낑낑거릴 때 제일 좋은 방법을 알려드릴게요.

만약 집에 온 지 며칠 안 된 강아지라면, 최대한 무시하고 꺼내주지 말고 혼자 놀 수 있는 사료 노즈워크[1]나 장난감 등을 많이 주세요. 울타리가 점점 넓어진다면 낑낑거림은 자연스럽게 없어질 거예요.

하지만 안돼라는 훈육을 해야 하는 강아지들도 있습니다. 그게 너무 힘들다면 처음에 울타리를 많이 넓혀주셔도 됩니다. 그러면 낑낑거림이 훨씬 나아질 거예요. 대신 안전하지 않을 수도 있고, 배변이 흐트러질 수도 있고, 놀아달라고 보호자를 무는 버릇이 생길 수도 있습니다. 어떤 보호자들은 집 전체를 다 돌아다닐 수 있도록 하는데, 그렇게 하면 지나가다 강아지가 발에 치일 수도 있고, 이상한 걸 주워 먹을 수도 있고 다칠 수가 있습니다.

어린 강아지가 꼭 안전한 공간에서만 지낼 수 있도록 해주세요.

낑낑거림이 심해지면 나중에는 짖음으로 발전하게 되니, 지금부터라도 꼭 잘 해주셔야 합니다.

---

1) nose work. 강아지가 코로 냄새를 맡으며 하는 모든 활동

어린 강아지에게
울타리 꼭 써야 할까요?

처음 강아지를 입양해서 데리고 오면 대부분 2개월~2개월 반 정도가 됩니다. 늦어봤자 3개월 정도? 분양하는 곳에서는 어린 강아지이기 때문에 울타리 안에 넣어두고 무관심하게 키우라는 얘기를 많이 한다고 해요. 그래서 보호자들은 하라는 대로 울타리 안에 뒀는데, 그 이후에 어떻게 해야 할지 잘 모르시더라구요. 낑낑도 심해지고 배변패드도 물어뜯고 왠지 강아지가 스트레스받는 것처럼 느껴지고, 그리고 너무 만지고 싶고…. 팩트만 말씀드리겠습니다.

일단 어린 강아지는 안전상의 이유로 울타리 안에서 키워주셔야 합니다. 2개월 정도 된 어린 강아지가 집안 곳곳을 다닌다면 정말 위험해요. 예를 들어 사람으로 치면 3개월 된 아기가 안전한 장치 없이 집안 곳곳을 혼자 기어 다닌다고 생각해보세요. 위에서 무언가 떨어질 수도 있고, 땅에 떨어진 이물질을 주워 먹을 수도 있구요. 정말 많이 위험하겠죠? 아기를 안전하게 침대 공간에 두는 것처럼 강아지도 그렇게 해야 합니다.

어떤 보호자들은 강아지를 그냥 처음부터 풀어놓고 키우시던데, 저는 잘 이해가 되지 않습니다. 어린 강아지를 풀어놓으면 관심이 많은 시기라 사람을 졸졸 쫓아다니고, 보호자의 손발, 옷깃을 계속 물어뜯을 거예요. 그러면서 점점 무는 버릇이 관심을 끌기 위한 놀이방식의 표현 중 하나로 되어버리는 거죠.

Q&A 1.

언제까지 울타리 안에서 지내야 할까요?

울타리는 며칠 쓰다가 꺼내주는 게 아니라 집 크기에 맞춰서 점점 늘려주시면 됩니다. 예를 들어 처음에는 8개 울타리를 썼다면 그다음은 16개, 그다음은 24개. 이런 식으로 울타리 개수를 늘려가는 거예요. 하지만 집 구조마다 다 다를 거예요. 예를 들어 아파트 구조로 설명드리자면, 처음에는 거실 안쪽에만 울타리를 두고 1~2주가 지난 후에는 거실 반쪽, 그다음에는 거실 통으로, 그다음에는 주방 쪽까지, 그다음에는 방 하나하나씩 들어올 수 있게끔 해서 울타리를 점점 넓혀주시면 됩니다. 그래야 가장 안전하고 안정적일 수 있어요. 이렇게 기간에 따라서 자연스럽게 넓힐 수도 있고, 배변을 80~90% 정도 잘 가린다면 넓히셔도 됩니다.

울타리 안에 두면 계속 낑낑거리는데, 어떻게 하죠?

아직 어린 강아지라 낯선 환경이어서 그럴 수도 있고 배가 고파서 그럴 수도 있고, 보호자가 관심을 줬다가 안 줘서 그럴 수도 있고, 꺼내줘서 예뻐해주고 다시 넣어줘서 그럴 수도 있습니다.

"선생님, 저는 울타리를 정말 쓰기 싫어요. 불쌍하고 가여워요."

안전상의 이유로 울타리를 계속 쓰라고 해도 정말 쓰기 싫은 분은 안 쓰셔도 됩니다. 하지만 울타리를 쓰지 않게 되면 어렸을 때부터 사람한테 애착이 붙어서 졸졸 쫓아다니면서 분리불안이 생길 수도 있고, 사람 손, 발, 옷깃을 장난감으로 생각해서 계속 물 수도 있고, 생활하는 영역이 넓다 보

니 배변 교육이 안 될 수도 있고, 이상한 걸 주워 먹을 수도 있고 돌아다니다가 사람 발에 밟힐 수도 있고, 높은 곳에서 무언가 떨어져서 다칠 수도 있게 됩니다. 그래도 쓰기 싫으신 분들은 안 쓰셔도 됩니다.

위에서 말씀드린 문제행동이나 위험한 상황이 생기면 보호자가 책임을 지셔야 하니, 교육을 정말 열심히 해주셔야 합니다. 울타리를 쓰지 않는다고 해서 모든 강아지에게 문제 상황이 발생하는 건 아니에요. 방문교육을 가서 보호자들의 애기를 들어보면 3~4일 정도 울타리 생활을 하다가 너무 낑낑거려서 그냥 풀어놓고 지냈다는데, 낑낑거리는 게 없어지더라도 무는 버릇이 심해지거나 분리불안증이 심하거나 배변을 잘 못 하는 경우도 많았어요. 하지만 어떤 가정은 울타리를 쓰지 않아도 크게 문제행동이 생기지 않고 위험한 상황이 없고, 잘 지내는 경우도 있습니다. 제가 울타리를 쓰라는 이유는 문제행동이 생겨서보다는 큰 사고로 이어질 수도 있기에 예방 차원에서 안전하게 지내라는 이야기입니다.

Q&A 3.

울타리에서 꺼내줘도 되나요?

강아지가 스트레스를 많이 받는다고 가끔 꺼내서 안아주거나 집을 돌아다니게 하고 다시 넣어주시는 분들이 있는데요. 제가 강아지 입장이 되어본다면, 넓은 공간에 나가서 보호자랑 놀면서 돌아다니고 다시 울타리 안으로 들어가게 되면 갇힌다는 생각이 들지 않을까요?

혼자 있는 게 얼마나 쓸쓸할까요. 보호자는 쉬라고 넣어주는 거지만, 갇힌다고 생각하는 강아지들이 많습니다. 그래서 꺼내줬다가 다시 울타리 안으로 넣어주게 되면 낑낑거림이 더 심해지는 거예요. 보호자한테 애착이 붙어서 나가고 싶은 표현을 하는 거지요. 물론 배가 고파서 낑낑거리는 경우도 있습니다. 간혹가다 어떤 강아지는 울타리 밖에 꺼내줬다가 놀게 해주고 다시 넣어놔도 괜찮은 경우가 있어요. 하지만 나중에 보호자한테 애착이 많이 붙게 되면 낑낑거림이 심해질 수도 있습니다. 물론 아닌 경우도 있지만요. 이 부분은 강아지마다 성향이 다르기 때문에 정확한 답을 드리기는 어려워요. 참고만 해주시면 좋을 것 같아요.

Q&A 4.

그러면 어린 강아지 언제 예뻐해주나요?

이것도 강아지 성향에 따라 다 다른 것 같아요. 보호자가 울타리 안으로 들어가서 조금 예뻐해주고 나와도 잘 있는 강아지가 있는 반면, 조금만 예뻐해줘도 사람한테 애착이 금방 붙어서 꺼내달라고 낑낑이 심한 강아지도 있어요. 또 강아지가 2개월이냐 3개월이냐, 개월 수에 따라서도 다르기 때문에 놀아줘야 할지 말지 어떻게 하라고 말씀드리기가 어렵습니다.

예를 들자면 생후 80일 된 강아지를 데려온 경우, 1주차에는 무관심하게 밥만 주고 혼자 놀 수 있는 놀잇감을 챙겨 주고, 그다음 울타리가 조금 넓어졌을 2주차에는 울타리 안으로 들어가서 하루에 5분 정도 3번씩 교육을 해주는 게 좋아요. 3주차에는 울타리가 더 넓어지니 교육 시간 횟수도 점점 늘려주시면 됩니다.

이 또한 강아지마다 성향이 다르기 때문에 정확한 답은 없고, 이런 느낌으로 하는 거라고 참고만 해주시면 좋을 것 같아요.

– 울타리 안으로 보호자가 들어가서 어떤 교육을 해야 할까요?

울타리 안에 들어가서 조금씩 놀아주거나 교감을 해주실 때는 앉아, 기다려, 방석 같은 곳으로 하우스교육 기본적인 교육을 해주시고 노즈워크를 해주셔도 좋아요. 사료를 들어서 방석으로 유도를 해주시고 그다음 스킨십, 빗질 같은 위생미용 교육도 해주시면 좋습니다. 아무런 교육을 하지 않고 보호자가 울타리 안에 들어가서 강아지를 무릎에 안은 채 쓰다듬어주고, 마냥 예뻐만 한다면 사람한테만 관심이 많아져서 무는 버릇, 보호자 애착 등 문제행동이 생길 수도 있습니다.

무는 버릇 교육영상

Q&A 5.

지금 풀어놓고 있는데, 다시 울타리 써도 되나요?

만약 풀어놓고 있는 상황이라면, 조그마한 울타리 생활을 하기에는 많이 답답해할 수 있어서 조금 크게, 거실 정도에서만 생활할 수 있게 나머지 공간을 울타리로 막아놓아도 좋을 것 같아요.

강아지 울타리에 대해서 총정리를 해볼게요.

현재 울타리를 쓰고 계신 분들은 울타리를 점점 넓혀가며 생활하도록 해주시고, 만약 울타리를 쓰고 있지 않은 보호자라면 무는 버릇, 배변, 분리불안 교육 등을 정말 잘 해주셔야 하며, 24시간 유심히 지켜보면서 위험하지 않게 조심해주세요. 무언가 떨어지지 않는지, 바닥에 이물질이 많은 건 아닌지, 이동하다가 사람한테 밟히는 건 아닌지. 어린 강아지를 키우면서 중요하게 생각할 부분은 첫째도 안전, 둘째도 안전입니다.

어린 강아지에게
해서는 안 되는 행동

제가 유튜브를 하기 전까지는 성견의 문제행동 교육을 많이 했습니다. 공격성, 분리불안, 짖음, 두 살 이상 정도의 강아지들에게 많은 교육을 했는데, 유튜브를 하면서부터는 어린 강아지 교육을 많이 하게 되네요. 예전에는 문제행동이 있어야만 교육을 받아야 한다는 인식이 있었는데, 요즘에는 어린 강아지 때부터 올바르게 키우고 싶다고 하셔서 방문교육을 많이 신청하시더라구요. 반려견 훈련사로서 참 다행이라고 생각합니다.

강아지 교육은 문제행동이 있을 때 하는 게 아니라 문제가 일어나기 전 예방 차원에서 해야 하는 게 맞습니다. 교육이란 삶을 영위하는 데 필요한 모든 행위를 가르치고 배우는 과정이며, 수단을 가리키는 교육학 용어입니다. 어린 강아지를 입양하고 나서 보호자들이 잘못된 행동을 많이 하고 계시는 것 같아서 몇 가지 안내해드리도록 하겠습니다.

1. 만지기

집에 오자마자 어린 강아지가 너무 귀엽다고 옆에 가서 말 걸고 하루 종일 쓰다듬고 교감하고 그러면 얼마나 좋을까요. 하지만 그렇게 하다 보면 보호자한테 애착이 많이 붙을 수밖에 없고, 그러면 혼자 울타리 안에 있을 때 관심 가져달라고 당연히 낑낑이 심해지겠죠? 어렸을 때부터 분리불안이 형성될 수도 있고, 이갈이 시기이다 보니 손을 계속 물면서 손가락을 장난감처럼 생각할 수도 있습니다. 어린 강아지는 그냥 그대로 두세요. 며칠 몇 주 지나고 울타리가 점점 넓어질 때 조금씩 만지며 교감해주셔도 늦지 않습니다.

2. 안고 다니기

어린 강아지들을 안으면 편안하게 품에 안겨서 잘 있는다고 생각하시는 분들이 있는데, 높은 공간에 위치해 있으면 강아지들은 불안하며 스트레스를 받을 수도 있습니다. 나중에, 조금 더 컸을 때 안는 행동을 연습해주세요.

3. 스킨십

어렸을 때부터 조금씩 스킨십을 해주셔도 좋아요. 하지만 너무 많은 스킨십을 하게 되면 자극을 많이 받다 보니 거부반응이 일어날 수도 있어요. 성견 중에는 스킨십을 싫어하는 강아지들도 있는데, 이런 친구들은 원래 성향도 있겠지만, 어렸을 때부터 너무 많이 만져서 그렇게 된 경우가 있어요. 스킨십이 지겹고 귀찮은 거죠.

어린 강아지를 만질 때 주의사항!! 흥분했을 때는 절대 만지지 말고, 차분히 있을 때 등 쪽부터 천천히 만져주셔야 합니다. 만지라고 해서 10분 내내 만지라는 이야기는 아니에요. 차분했을 때만 등 쪽 몇 번 쓰다듬고 끝. 그다음 며칠 지나고 등을 만졌을 때 손을 물지 않으면 조금씩 얼굴 쪽을 만져주세요.

4. 잘 때 냅두기

어린 강아지가 자고 있으면 정말 너무 사랑스럽죠. 하지만 그때 너무 귀엽다고 근처에 가서 만져주고 관심을 가진다면 강아지들은 충분한 휴식을 취하지 못합니다. 어린 강아지들은 잠을 많이 자야 하고, 충분한 휴식을 해야 합니다. 잘 때는 더욱더 근처에 가지 마시고 멀리서 지켜봐 주세요.

5. 외부인 적당히 만나기

어렸을 때부터 사회성을 길러야 한다고 외부 사람이 많이 와서 만지는 경우가 있는데, 이 또한 적당히 해야 합니다. 너무 많은 사람이 집에 와서 만져주고 관심을 가져준다면, 강아지 입장에서는 외부인이 점점 자신을 귀찮게 하는 존재로 인식이 되고, 그 자체가 스트레스가 될 수 있어요. 만약 외부인이 집안에 놀러 온다면, 강아지한테 관심을 많이 보이지 않고 잠깐의 교감만 해주시는 게 좋습니다. 나쁜 사람이 아니라 좋은 사람이라고 인식을 하게끔이요.

6. 울타리 근처에서 아는체하기

어린 강아지들이 대부분 안전상의 이유로 울타리에서 지내고 있을 텐데, 너무 귀엽다고 울타리 앞에 가서 쳐다보는 행동! 이런 행동도 관심의 표현 중 하나입니다. 사람이 울타리 근처에 계속 있으면 강아지들은 당연히 사람한테 관심이 쏠릴 수밖에 없고, 그러면 당연히 관심 가져달라고 낑낑거리거나 앞발을 올라타는 행동을 하겠죠? 최대한 멀리서 지켜봐 주세요.

7. 목욕하기

대부분 분양샵에서 오게 되면 냄새가 많이 날 수도 있어요. 그래서 목욕을 시키는 분들이 많은데, 2개월 정도라면 목욕은 최대한 피해주셔야 합니다. 너무 어리기 때문에 감기에 쉽게 들 수도 있고, 목욕에 대해 안 좋은 기억이 생길 수 있습니다. 3~4개월 정도부터 첫 목욕을 해주는 게 좋아요. 너

무 냄새가 심하다면 목욕 말고 수건에 물을 묻혀서 가볍게 닦아주시는 게
좋습니다.

8. 배변 실수할 때 혼내기

집에 오자마자 배변 교육을 한다고 실수했을 때 혼내는 분들이 많은데,
아직 어린 강아지라 왜 혼나는지 전혀 인지하지 못합니다. 집, 놀이터, 화
장실 영역만 확실하게 만들어주시고, 잘 가렸을 때만 사료 보상을 해주시
는 게 좋아요. 패드에 싸지 않는다면, 사료로 조금씩 유도를 하거나 패드를
최대한 많이 깔아주시는 게 좋으며, 강아지 화장실은 항상 깨끗한 상태로
유지할 수 있도록 해주시는 게 좋습니다.

입양할 때부터 정말 잘 키워보겠다는 마음으로 뭐든 완벽하게 하려고
하는 분들이 있는데, 어린 강아지들은 원래 실수하면서 크는 거니까 가장
중요한 부분들 빼고는 여유롭게 너그럽게 이해해주며 키워주시는 게 좋습
니다.

어린 강아지에게
무는 버릇이 있다면?

1. 만지지 않기

어린 강아지를 데리고 오면 대부분의 보호자는 예쁘다고 귀엽다고 계속 쓰다듬고 귀찮게 해요. 다들 인정하시는 부분일 거예요. 하지만 어린 강아지는 물고, 핥고, 뜯으며 경험을 하다 보니 얼굴 쪽을 만지면 자연스레 손가락을 물어요.

이럴 때 어떤 보호자들은 그냥 귀엽다고 물어도 냅두는데, 어떤 보호자들은 "물면 안 돼!" "하지 마!" 이런 소리를 내면서 강아지들한테 더 자극을 줘요. 그런 행동들이 강아지 입장에서는 안 된다고 인지를 하기보다는 어? 손가락을 물면 보호자가 소리를 내네? 소리 나는 **뽁뽁**이 장난감처럼? 재밌다. 이렇게 되는 게 시작인 경우가 많아요.

어린 강아지들은 평소에 흥분했을 때는 절대 만지지 않고 아주 차분히 있을 때만, 아니면 잘 때 옆에서 조용히 등 쪽만 몇 번 쓰다듬어주는 게 가장 좋습니다. 그다음 물지 않고 괜찮다면 조금씩 얼굴 쪽도 만져주면 좋겠죠? 혹여나 물려고 하면 손을 빼주셔야 해요. 어린 강아지는 이 정도로만 만져주시는 게 좋습니다. 그래야 사람의 손을 또 다른 놀이대상이나 장난감이 아닌, 손길 자체로 인식할 수 있게 됩니다. 그러니 강아지가 흥분한 상태에서는 더욱더 만지지 말아주세요.

3. 흥분하는 놀이, 터그놀이 하지 않기

강아지한테 터그놀이[2]가 좋다고 해서 어린 강아지 때부터 하시는 분들이 많은데, 개인적으로는 정말 좋지 않다고 생각해요. 인형으로 터그놀이를 하다가 손가락도 같이 물게 됩니다. 그러면 그때 보호자가 소리를 내거나 애매하게 밀쳐요. 애매하게 밀치면 강아지들은 더 신나서 흥분하고, 손을 또 물려고 하죠. 그러다가 손도 물고 발가락도 물고 옷깃도 물고, 점점 사람의 몸을 장난감처럼 생각하게 됩니다.

어린 강아지 때는 터그놀이 말고 차분한 놀이를 많이 해주세요. 차분한 놀이로는 사료를 들고 앉아, 엎드려, 기다려, 왔다 갔다 하면서 하는 하우스 교육, 사료 찾아 먹는 노즈워크 등이 있습니다. 만약 보호자님이 터그놀이를 하면서도 무는 버릇 교육을 잘해줄 수 있다면 해도 크게 상관없지만, 대부분은 터그놀이를 하면서 흥분도를 컨트롤 해주는 일이 굉장히 어려워 못하시는 분이 많기 때문에 하지 말라고 말씀을 드리는 거예요. 터그놀이는

---

[2] 장난감, 로프 등 강아지가 물고 있는 장난감을 좌우로 흔들고 당겨주며 놀아주는 놀이

조금 더 컸을 때 보호자가 컨트롤 할 수 있을 때 해주셔도 늦지 않습니다.

3. 눈곱 떼기나 빗질하지 않기

어린 강아지 때 유독 눈물 자국이 많은 강아지들은 물티슈 같은 걸로 자주 닦아주더군요. 그런데 물티슈로 눈곱을 닦아주면 가만히 있는 강아지도 있지만, 대부분의 강아지는 그 물티슈를 물려고 해요. 그냥 좋아서 장난으로 무는 강아지도 있고, 싫다는 표현을 하느라 무는 강아지도 있습니다.

이렇게 무는 데도 보호자들은 어쩔 수 없이 닦아야 하니 물거나 말거나 빨리 닦고 끝내는 분들이 많아요. 그런데 이게 계속되다 보면 무는 게 더 심해지고, 그러다가 손을 물게 되기도 합니다. 그래서 억지로 눈곱을 닦아서는 절대 안 됩니다.

만약 눈곱을 닦을 때 물티슈나 손을 무는 강아지가 있다면, 일단 그 행동은 중지해야 합니다. 강아지가 정말 차분할 때 아주 살짝 한두 번 닦아주거나, 앞서 말씀드린 차분한 놀이를 많이 하고 힘이 빠졌을 때 아주 살짝 닦아주는 연습을 해야 합니다. 차분해졌다고 이때가 기회다! 하고 빡빡 닦지 마시고 그냥 한두 번 하고 끝내주세요. 그런 다음 보상의 개념으로 사료 같은 것을 주시면 되겠죠? 시간이나 강도는 차차 계속 늘려나가 주시면 됩니다.

눈물 닦는 걸 싫어하는데도 억지로 닦는다면, 그 행동을 평생 싫어하는 강아지가 될 수 있습니다.

빗질도 마찬가지예요. 어린 강아지들은 목욕을 못하다 보니 털이 많이 엉키게 돼요. 그래서 빗질을 해주는데, 강아지가 싫어하는데도 억지로 빨리하려는 보호자들이 계시더라구요. 이런 경우 두 분이 연습해주시면 좋아요. 한 분은 앞에서 사료로 시선을 끌고, 나머지 한 분은 강아지를 한 손에 잡고 천천히 빗질한 다음 앞에 있는 사람이 사료를 주면 됩니다.

4. 확실하게 밀치기

앞서 말씀드린 교육을 계속하는데도 버릇처럼 문다면 그때는 확실하게 밀쳐 주셔야 해요. 대부분 보호자들은 강아지가 물면 손바닥으로 미는 분이 많은데, 이렇게 밀면 강아지들이 놀자고 또 달려들죠? 그러고 또 물면 또 밀치고…. 계속 이게 반복될 거예요. 그 이유는 보호자가 애매하게 밀어서 그래요.

보호자 입장에서는 세게 민다고 하는데, 제가 보면 대부분 다 살짝 밀고 계시더라구요. 밀어내기를 할 때 손바닥으로 하게 되면 물던 버릇이 있기

소리 나는 뾱뾱 장난감이닷

때문에 쉽지가 않아요. 그래서 물지 않은 손등이나 팔꿈치로 미는 게 훨씬 좋습니다. 고무줄처럼 쭉 밀게 되면 탄성이 생겨서 강아지가 또 오고 너무 재미있어서 더 흥분할 테니, 짧게 통 치듯 밀어주셔야 훨씬 더 효과적입니다. 다치지 않게 단호하게 밀치기 연습을 해보세요. 만약 이 행동을 했을 때 나아지지 않는다면 밀치는 행동은 하지 말아주세요. 애매하게 밀치다 보면 흥분해서 공격성이 더 심하게 나올 수 있습니다. 물었을 때는 가만히 무시하고 교육 놀이로 시선을 돌려주시면 됩니다.

이렇게 네 가지에 대해서 말씀을 드렸는데, 이렇게 며칠 몇 주만 반복학습해주시면 정말 많이 좋아질 거예요. 제가 말씀드린 방법은 일반적으로 많이 쓰는 방법이며, 이 방법을 해서 좋아지지 않으면 다른 방법을 써야 합니다. 강아지의 교육방법은 정답이 나와 있는 게 아니라, 강아지 성향이나 성격에 맞는 교육방법이 있기 때문에 맞는 교육을 하는 게 가장 중요합니다.

어린 강아지 사회성 교육은 어떻게?

강아지의 사회화 시기는 3~4개월 무렵이 중요합니다.

요즘 어린 강아지 방문교육을 정말 많이 가는데, 키우는 법만 알지 어떻게 교육해야 할지에 대해서는 대부분 모르고 계셨어요. 반려견 교육은 문제가 생겼을 때 하는 게 아니라 문제가 일어나기 전에 해야 합니다. 사람도 미리 학교에 다니면서 공부를 하는 것처럼 강아지들도 미리 학습을 해야 합니다.

미리 학습을 하면 추후 생길 수 있는 큰 문제행동들을 방지할 수 있습니다. 세 살 버릇이 여든까지 간다고 3~5개월 정도의 어린 강아지 때부터 예방 차원에서 해줄 수 있는 여러 가지 필수 교육들을 소개해드리겠습니다.

1. 실내에서 나는 소리에 둔감화 하기

집안에서 외부소리에 대해서 짖는 친구들이 정말 많아요. 여러 가지 이유가 있겠지만 일반적으로는 그 소리에 대해 경계심이 많고, 자기가 직접 듣지 못한 소리여서 그래요. 제일 많이 짖는 소리가 첫 번째로는 초인종 소리입니다. 초인종 소리는 하루에 몇 번 안 들리기 때문에 더 예민하게 반응을 보이는 경우가 많습니다. 그래서 보호자들이 시간 간격을 두고 계속 눌러주세요. 그러면 그 소리가 어렸을 때부터 익숙해져서 더 이상 낯선 소리로 들리지 않을 거예요. 초인종을 누르면서 사료 같은 걸 주면 더 좋습니다.

또 벽 소리를 많이 내주셔야 해요. 톡톡, 이렇게요. 소리를 내면서 사료를 주면 더 좋겠죠? 하루에 한두 번 소리 내는 게 아니라, 그냥 지나다니면서 톡톡거리고, 지나가고, 책 같은 것도 떨어트려 보면서 수시로 해주시면 좋습니다. 청소기 소리를 싫어하는 강아지도 많아서 조금 멀리서 청소기를 틀면서 사료를 주셔도 좋습니다. 이렇게 실내에서부터 일상생활에서 접할 수 있는 소리들을 보호자가 계속 반복적으로 내주시면 적응이 돼서 나중에는 크게 반응을 보이지 않을 거예요.

2. 산책할 때 앞을 보여주기

3차 접종 이후에는 안고 데리고 나가고, 5차 접종 이후에는 냄새도 맡으며 정상적인 산책을 많이 하는데, 대부분 풀숲 같은 공간에서 냄새 맡는 산책만 많이 하더군요. 그런데 냄새를 맡는 것도 좋지만, 앞을 보는 연습을 해야 합니다. 오토바이, 자전거, 어린아이들 뛰어다니는 행동 등, 이런 상

황을 어렸을 때부터 많이 느끼고 봐야 나쁘지 않다고 생각을 합니다.

일반적으로는 강아지들이 바닥만 보고 냄새를 맡다가 갑자기 오토바이가 슉 지나가면 오! 깜짝아, 이러면서 놀라겠죠? 그러면서 오토바이를 무서워하게 됩니다. 그래서 어린 강아지들은 냄새 맡는 것도 중요하지만, 벤치 같은 데에 앉아있거나 교차로 같은 곳에 가만히 있는 연습을 해주면 좋아요. 냄새를 너무 맡으면 조금 제지해주시고, 지나가는 오토바이나 자동차 등을 많이 보여주세요. 어린애들이 많은 놀이터에도 데리고 가면 강아지가 어린 친구들이 소리치면서 뛰어다니는 걸 볼 거예요. 자기가 스스로 보고 괜찮다고 생각하는 게 가장 중요합니다.

3. 거부표현 안돼 확실하게 알려주기

어렸을 때부터 안돼를 알아야 나중에 큰 문제행동이 없게 됩니다. 일반적으로 밀치기, 큰소리 내기, 말로 "안 돼"등이 있는데 내 강아지한테 맞는 방법을 해주세요. 혹시나 안돼를 했는데 계속 대든다면 더 확실하게 해주셔야 합니다. 포기할 때까지요. 마음 아파하실 분들도 계시겠지만, 사람과 공존해 살아가기 위해서는 모든 것이 가능한 게 아니라 안되는 게 있다는 것도 알게 해주셔야 합니다.

4. 터치교육

일반적으로 발을 만지거나 엉덩이 쪽을 만지거나 예민한 부위를 만졌을 때 싫어하는 강아지들이 많습니다. 그래서 어렸을 때부터 마사지하듯이 천천히 계속 자극을 줘야 합니다. 그냥 얼굴만 쓰다듬는 게 아니라 다리 쪽도 천천히 만져주면서 사료를 주시고, 모든 부위를 계속 만져주셔야 합니다. 대신 불편하지 않게 처음부터 너무 많이 하면 안 되고, 강아지가 차분히 있을 때 많이 만져주세요.

5. 외부 사람, 다른 강아지 많이 만나기

이때부터 사회화 시기가 시작돼서 외부 사람을 많이 만나야 합니다. 만약 외부 사람을 무서워한다면 함부로 다가가면 안 되며, 먹이로 강아지가 다가오게 해서 조금씩 만져주는 게 좋습니다. 그러나 과유불급이라고 외부 사람을 너무 많이 만나서 그 사람들이 함부로 만지고 귀찮게 한다면, 강아지들이 싫어할 수도 있으니 적당한 게 좋겠죠? 산책할 때도 차분한 강아지를 많이 만나서 서로 냄새도 맡게 해주며, 강아지의 언어를 배우는 것도 좋습니다. 짖음이 있거나 흥분이 많은 강아지는 만나지 않게 해주세요.

6. 너무 많이 만지지 않기

어렸을 때부터 사람의 손으로 터치가 많아지게 되면 손에 대해서 거부감이 생길 수가 있어요. 특히 강아지가 쉬고 있을 때 과도하게 만지는 분이 많은데요. 그렇게 되면 나중에 사람의 손길을 싫어하게 되고, 만지려고 하면 물 수도 있습니다. 적당한 사랑과 교감을 나누는 건 좋지만, 불편하지 않을 정도로만 쓰다듬어주세요. 강아지가 커서도 큰 문제 없이 잘 살 수 있도록, 어렸을 때부터 보호자가 신경 써서 행동하고 필요한 교육을 해주셔야 합니다. 사랑만 가득한 보호자가 훌륭한 보호자는 아닙니다.

Chapter 3

강아지 상식

강아지는
왜 냄새를 맡을까요?

강아지를 키우고 계신 분이라면 한번쯤은 생각을 해보셨을 거예요. 강아지는 왜 냄새를 맡을까요? 냄새를 맡는 이유는 정말 다양합니다. 상황마다 왜 냄새를 맡는지 살펴보겠습니다.

1. 산책할 때 바닥 냄새를 맡는 이유

일반적으로 산책을 하면서 정말 많은 냄새를 맡고 있는데, 그중에서 가장 많이 맡는 냄새는 흙냄새, 풀냄새이지만, 나무, 소화전, 전봇대 같은 기둥냄새도 있어요. 그곳에는 정말 다양한 친구들이 자신의 흔적을 남기고 갔죠. 배변 냄새는 강아지들의 SNS 활동 같은 거랄까요. 다른 강아지나 동물들이 남긴 메시지를 읽고 있는 거라고 볼 수 있어요. 어떤 친구들이 왔다 갔는지 확인도 하며 자신의 영역이라면 배변으로 자신의 냄새로 뒤덮기도 합니다.

2. 강아지들끼리 냄새 맡는 이유

강아지들끼리 코나, 엉덩이 쪽을 맡는 이유는 인사하는 것과 같습니다. 엉덩이 쪽은 항문낭 냄새를 맡는 건데, 이 냄새가 강아지들마다 다 다르기 때문에 서로 구별할 수 있습니다. 이 냄새로 성별, 나이, 기분, 먹는 음식, 건강 상태까지 알 수 있다고 합니다. 나와 잘 맞는 친구인지 아닌지 확인을 하고 잘 맞는다면 놀려고 하는 친구들도 있고, 나와 맞지 않는 친구라면 그냥 지나칠 때도 있습니다.

어떤 친구가
왔다갔을까?

SNS 활동

3. 사람 냄새 맡는 강아지

퇴근 후 집으로 들어오게 되면 강아지들이 반기면서 사람의 발부터 옷 등 다양한 냄새를 맡으려고 해요. 이 행동은 보호자가 뭘 하다 왔는지, 어떤 걸 하다 왔는지 확인하는 행동입니다. 이 행동을 아무렇지 않게 생각하고 그냥 지나친다면 강아지들은 섭섭해할 수도 있습니다. 그래서 퇴근 후 집으로 들어갔을 때는 강아지가 충분한 냄새를 맡을 수 있도록 기다려 주셔야 합니다.

강아지가 사람을 핥는 이유

핥는 행동은 어렸을 때 어린 강아지가 어미견한테 젖을 달라고 하거나 요구하는 게 있을 때부터 시작됩니다. 그게 습관이 돼서 집으로 갔을 때에도 보호자를 핥게 되는 거죠. 핥는 행동은 쉽게 말하면 강아지의 애정 표현이라고 생각하시면 됩니다.

'나 엄마 좋아해.' '사랑받고 싶어. 만져줘.' '엄마 내 꺼야.'

이런 식으로 긍정적인 표현이 많아요. 굉장히 좋은 뜻이죠. 보호자분들이 이렇게 물어보시더군요.

"선생님, 강아지가 자꾸 핥는데 어떻게 해야 해요? 냅둬야 하나요? 싫다고 해야 하나요?"

그때마다 저는 이렇게 답변합니다.

"보호자님이 괜찮으시면 냅두셔도 돼요. 긍정적인 표현입니다."

하지만 집안에 아기가 있거나 위생적으로 조금 염려가 된다면, 핥는 표현방식을 바꿔주셔야 해요.

핥는 표현방식을 바꾸는 방법을 알려드리겠습니다.

강아지들은 핥을 때마다 항상 보호자로부터 무언가 보상을 받았기 때문에, 그게 점점 습관이 되었죠. 그래서 강아지가 핥을 때는 살짝 밀치면서 안돼, 라고 해주고 핥지 않을 때 보답 보상을 해주세요. 그러면 강아지가 '어? 핥으면 안돼라고 하네. 근데 핥지 않고 가만히 있으면 만져주네?' 이렇게 생각할 수 있게끔이요. 이렇게 반복학습을 하다 보면 강아지의 표현방식이 바뀔 수 있어요. 그런데 핥을 때마다 안돼만 한다면, 큰 상처를 받을 수도 있어요. 자신은 애정 표현을 계속하는데, 사람은 안돼, 거부만 한다면 나를 싫어하나? 생각하면서 속상할 수도 있습니다. 핥을 때는 안돼, 제지하시고 핥지 않을 때 꼭 만져주거나 예뻐해주셔야 합니다.

그리고 강아지마다 핥는 곳이 다르긴 하지만, 제일 많이 핥는 부위는 사람 입술이에요. 사람이 앉아있으면 뛰어와서 꼭 유독 입술을 핥곤 해요. 강아지는 왜 유독 입술을 많이 핥을까요? 가장 큰 이유는 사람 입에서 자극적인 냄새가 가장 많이 나서 그래요. 그리고 입술을 핥으면 맛있거든요. 그 사람이 무엇을 먹었느냐에 따라서요. 그리고 사람들이 뽀뽀를 자주 해주다 보니, 그 위치를 알게 되는 거죠. 그다음으로 발도 많이 핥는데, 이것 또한 후각을 자극하는 발 냄새 때문입니다.

강아지들은 자극적인 냄새에 훨씬 더 궁금해하고 다가가려고 합니다. 핥는 것은 나쁜 행동이 아니고 당연한 행동이며 그냥 표현방식이라고 생각하시면 됩니다. 하지만 유독 많이 핥는 친구들은 조금 더 신중하게 생각해 봐야 해요. 핥는 행동은 애정 표현방식이라고 말씀을 드렸는데 애정 표현을 쉴 새 없이 한다, 계속 갈구한다, 이런 경우 애정결핍일 가능성이 많아요. 분리불안일 확률도 많구요.

혹시나 여러분들의 강아지가 집착하는 것처럼 계속 핥는다면 분리불안 교육을 해주시는 게 좋을 것 같아요. 그리고 다견 가정인 경우 강아지들끼리 목을 핥거나 눈 쪽을 핥는 경우, 상황마다 이유가 다 다르지만, 서로의 친밀감 정도라고 생각하면 됩니다.

제한급식과 자율급식, 어떤 게 좋을까요?

자율급식을 하는 게 좋을까? 제한급식을 하는 게 좋을까?

정말 많이 받는 질문입니다. 우선 자율급식과 제한급식의 장단점을 설명해드릴게요. 주로 많이 하는 자율급식은 밥그릇에 종일 사료를 놓는 거예요. 사료 그릇에 어느 정도 채워 놓았다가 다 먹으면 또 채우고, 이런 식으로 강아지들이 스스로 배고플 때마다 먹는 거죠. 이렇게 자율급식을 하게 되면 식탐이 많은 강아지는 식탐이 없어질 수가 있고, 하루 종일 혼자 오래 있는 강아지들한테 사료를 잘 챙겨줄 수가 없으니, 이렇게 하다 보면 장점이 될 수가 있죠.

하지만 단점도 있어요. 자율급식을 하면 사료라는 음식은 당연하게 돼서 집중도가 떨어져서 안 먹게 되고, 사료 외의 것에 관심을 많이 가지게 됩니다. 주로 간식이나 사람 음식 등이 있겠죠? 간식을 많이 먹게 되면 맛없는 사료는 당연히 안 먹게 되고 간식만 찾게 돼요. 사료 안 먹는 강아지들을 보면 대부분 자율급식이 많은 것 같아요. 그런 강아지에게 왜 이렇게 간식을 많이 주냐고 물으면, 사료를 안 먹어서 배고플까 봐 어쩔 수 없이 준다고 하시더라구요.

그런데, 절대 그렇게 하면 안 됩니다. 자율급식을 하려면 사료 외의 것을 많이 주면 안 돼요. 사료는 맛이 없고 간식은 맛있잖아요? 제가 말하는 간식은 강아지 전용 간식, 그리고 강아지들이 먹을 수 있는 야채, 닭가슴살 고기 등 사료 외의 것을 얘기하는 거예요. 그렇게 간식만 먹다 보면 당연히 맛없는 사료를 안 먹게 되니 신경을 잘 써주셔야 합니다. 또한 자율급식을 하게 되면 사료에 대해서 소중하게 생각하지 않아요. 사료에 대한 가치가

떨어집니다. 당연하게 생각한다고 해야 할까요? 노력할 만한 가치가 없는 걸로 보상을 해주려고 하니까요. 그래서 사료로 이용하는 교육이 힘들 때도 많아요.

이제 제한급식에 대해 얘기해볼게요. 하루에 2~3번 정도 시간 맞춰서 주는 걸 제한급식이라고 해요. 5년 전까지만 해도 제한급식을 많이 했는데, 요즘에는 자율급식을 많이 하는 편이에요. 강아지 혼자 오래 있는 가정이 많아서 그런가, 제한급식을 하게 되면 중간에 먹지 않다 보니 식탐이 많아지고 먹을 것에 대해서 소중하게 생각해요. 그래서 사료로도 교육이 정말 잘 됩니다. 간식을 많이 먹으면 당연히 안 좋으니 사료로 교육하는 게 제일 좋겠죠? 하지만 제한급식의 단점은 혼자 오래 있는 강아지들은 배가 많이 고플 거고, 식탐이 많아지다 보면 먹을 것에 대해서 흥분도가 높아질 수 있어요.

그래서 자율급식과 제한급식 중 어떤 게 가장 좋은 걸까요? 물으신다면 집안 환경마다 다 다르기는 해요. 어떤 친구는 자율급식을 해야 하고, 어떤 친구는 제한급식을 해야 해요. 제가 여러분들의 환경을 잘 모르니 일반적으로 말씀을 드리자면, 저는 제한급식이 가장 좋다고 생각합니다. 하지만 우리나라는 하루 종일 집안에 혼자 있는 강아지들이 많으니 그런 친구들은 시간 맞춰서 나오는 자동급식기를 쓰는 게 가장 좋아요. 하루에 2~3번 정도 시간을 맞춰서 나오게끔 해주시면 좋겠죠?

그러면서 사료에 대해 집중도도 높아지면 사료로 교육을 해주시는 게 가장 좋습니다. 앉아, 엎드려, 기다려, 하우스 노즈워크를 사료로 해주시는 거예요. 그러려면 원래 먹던 양을 좀 줄여야 합니다. 그리고 제한급식을 할 때는 사료를 주고 먹지 않는다면 5분 정도 뒤에 바로 빼주셔야 해요. 그다음엔 그다음 타임에 주셔야 합니다.

사료 안 먹는다고 다른 먹을 것을 많이 주지는 마세요. 입맛이 자극적인 음식으로 변해버리면 나중에 사료 먹는 게 정말 힘들어질 수 있습니다. 강아지들은 사료만 잘 먹고 산책만 잘 시켜도 누구보다도 건강하게 지낼 수 있어요. 단지 불쌍하고 가여워 보인다는 이유로 사료 외의 것들을 많이 주지는 마세요. 그것은 강아지의 건강을 해치는 길입니다. 사람도 하루에 두 세 끼를 일정한 시간에 먹어야 소화도 잘되고 몸에 좋은 것처럼, 강아지도 일정한 시간에 먹는 것이 가장 좋습니다. 물론 아닌 경우도 있으니, 그럴 땐 전문가의 상담을 받아보시는 게 좋습니다.

간식을 효과적으로
주는 방법

강아지에게 간식을 안 주시는 분은 거의 없을 거예요. 만약 간식을 안 주고 있다면 몸에 이상이 있어 어쩔 수 없이 간식을 못 먹거나, 다이어트 때문에 간식을 끊은 경우일 거라고 생각합니다.

간혹 간식은 나쁜 거라고 안 먹이는 분도 있습니다.

"선생님, 간식 먹여야 하나요?"라는 질문을 하신다면, 저는 간식을 먹이라고 말씀드릴 거예요. 하지만 그냥 줘서는 안 되며, 잘했을 때 보상의 의미로만 주셔야 합니다. 방문교육을 가서 보호자들이 간식 주는 걸 보면 대부분 그냥 예쁘다고 간식 주고, 사람 밥 먹을 때 옆에 오면 하나씩 주고, 심심할까 봐 하나씩 주고, 배가 고플까 봐 하나씩 주고…. 이렇게 이유 없이 주시는 분들이 많아요.

간식을 많이 먹다 보면 사료를 잘 안 먹게 됩니다. 저도 사료를 먹어봤지만 정말 맛없어요. 사료는 몸에 필요한 성분이 많이 들어있다 보니 어쩔 수 없이 기호성이 좋지는 않습니다. 사람도 몸에 좋다는 건 맛없고 쓰잖아요? 그래서 일단 간식을 많이 먹이면 상대적으로 맛없는 사료는 안 먹게 되고, 자극적인 간식에 맛들려서 사료를 당연히 안 먹게 됩니다.

간식은 그냥 주는 게 아니라 정말 필요할 때만 줘야 하며, 강아지 입장에서 '싫은 일을 해야 할 때'라든지, '잘했을 때의 보상용'으로만 줘야 합니다.

물론 문제행동이 전혀 없는 강아지들은 그냥 주셔도 됩니다. 한 가지 예를 들어볼게요.

빗질을 정말 싫어하는 강아지가 있어요. 그래서 빗질할 때 간식 주며 교육을 하려고 하는데, 간식도 안 먹고 계속 으르렁거리고 효과가 없다고 하시더라구요. 상담을 해보니 평소에도 간식을 정말 많이 먹는 친구였어요. 평소에도 간식을 먹고 빗질할 때도 간식을 먹는다면, 굳이 싫어하는 빗질을 왜 할까요? 당연히 안 하겠죠? 싫은 행동을 할 때 간식을 주는 교육을 해주신다면, 평소에는 간식을 절대 주면 안 되고, 빗질할 때만 주셔야 합니다. 그래야 교육효과가 좋습니다.

또 다른 상황도 말씀드려볼게요.

분리불안증이 너무 심해서 혼자 있을 때 계속 짖고 하울링만 하는 친구예요. 그래서 외출할 때 간식을 숨겨주는 노즈워크를 해주고 나가는데, 먹지도 않는다고 했어요. 그래서 상담을 오래 해보니 평소에도 간식을 많이 먹는 친구였어요. 그러니까 당연히 외출할 때 간식을 안 먹는 거죠!

간식은 희소성이 있게 보상용으로만 주셔야 합니다. 배변을 잘못하는 강아지라면 잘했을 때만 주셔야 하고, 그 외에는 절대 주시면 안 됩니다. 만약 강아지가 빗질 연습할 때도 간식을 먹고, 배변 잘했을 때도 간식을 먹고, 기본적인 교육을 할 때 간식을 먹는다면, 이것도 많이 먹는 편입니다.

가장 좋은 간식 급여 상황은 일단 빗질할 때만 1~2주 간식을 주고, 좋아지면 다른 교육을 할 때 1~2주 간식을 주고, 이렇게 하나하나 간식을 주며 교육을 하는 게 가장 효과적입니다. 만약 문제행동이 너무 많다면, 어쩔 수 없이 여러 상황에 계속 주셔야겠죠. 만약 사료를 잘 먹는 강아지라면 평소 주던 양을 조금 줄이시고, 그 나머지 양으로 한 알씩 보상용으로 주셔도 좋습니다. 사료를 잘 먹는 강아지들은 굳이 간식을 안 주셔도 됩니다.

문제행동이 심한 강아지들은 간식 한 가지만 잘 이용해도 충분히 좋아질 수 있습니다.

장난감과 개껌을 효과적으로 주는 방법

    방문교육을 다니면서 집안 환경을 보면 여기가 사람 집인지, 강아지 집인지 알 수 없는 경우가 많습니다. 사람 아이 키우는 집이랄까? 거실에 온통 강아지 장난감만 몇십 개가 놓여있는 경우도 많습니다. 강아지 집이나 방석도 서너 개씩 있고요. 이 책을 보고 계신 보호자님의 집은 어떠신가요?

    집안 바닥에 장난감을 많이 두는 건 좋지 않습니다. 일단 다 빼셔야 해요. 제가 만일 강아지라면, 내 공간에 장난감 10개가 하루 종일 놓여있다면 처음 줄 때는 재밌을지 몰라도 24시간 계속 있으면 너무 지겨울 거 같아요. 재미도 없구요. 그래서 그 장난감 말고 새로운 놀이를 더 찾을 것 같아요. 가구 모서리를 씹거나 배변패드를 찢고 놀거나 매트를 씹거나···. 그리고 근처에 항상 장난감이 있으니까 계속 놀고 싶을 거예요. 쉬고 싶은데 사람이 오면 또 놀아야 하니까, 장난감 물고 가서 던져달라고 해야 하고. 강아지 입장이 되어 본다면 이런 생각을 하지 않을까요?

사람 아이도 노는 시간, 쉬는 시간, 공부하는 시간이 있는 것처럼, 강아지도 그렇게 지내야 한다고 생각합니다. 집안 바닥에 종일 강아지 장난감이 놓여있다면, 우선 해야 할 일을 알려드리겠습니다.

1. 장난감을 일단 다 뺀다.

장난감이 하루 종일 있으면 지겨워하고 집중도가 떨어질 수도 있기 때문에, 일단 다 치워주세요.

2. 장난감 꺼내주는 시간을 정한다.

장난감을 꺼내주는 횟수와 시간은 보호자님의 상황이나 강아지에게 맞게 해주시면 됩니다. 예를 들어 오전 9시에 장난감을 꺼내주고 1시간 후에 회수, 몇 시간 후에 장난감을 주고 1시간 후에 또 회수, 이런 식으로 줬다 뺏다 하는 거예요. 똑같은 장난감을 계속 줬다 뺏다 하는 게 아니라 집안에 10개의 장난감이 있다면, 오전에는 3개, 오후에는 다른 3개, 저녁에는 또 다른 4개의 장난감, 이런 식으로 돌려가며 주는 거예요. 이렇게 해도 잘 안 노는 강아지가 있어요. 장난감을 별로 안 좋아하고 사람 품에만 있는 걸 좋아하는 강아지들이지요. 관심이 없다면 장난감이랑 친해지도록 조금씩 유도를 해주셔도 좋습니다. 이렇게 일정한 시간에만 장난감을 주는데, 안 주는 시간에는 무엇을 하나요? 라고 질문할 수 있어요. 그 시간에는 보호자가 같이 있으니 데리고 산책을 하거나, 앉아, 기다려, 하우스 교육을 하거

나, 싫어하는 행동이 있다면 간식을 주며 교육을 시키거나, 아니면 같이 옆에서 차분히 쉬거나 하면 됩니다. 집안에서 장난감으로 흥분시키며 놀려고만 하지 마시고 차분히 있는 법도 알려주세요.

강아지와 놀아주는 가장 좋은 방법은 산책입니다. 직장을 다니시는 분은 힘들겠지만, 강아지는 산책을 하지 않으면 무료함에 더 힘들 수도 있습니다. 산책 많이 시켜주세요. 그리고 집안에서 강아지와 장난치며 재밌게 놀려고 하지만 말고 교육을 해주세요. 사람 아이도 부모님이 집안에서 가정교육을 해주는 것처럼 강아지도 똑같이 가정교육을 해야 합니다. 마냥 예뻐만 해주고 장난감만 던져주고 끝내지 말라는 뜻이에요.

앞서 말씀드린 것처럼 장난감을 이렇게 줬다 뺏었다 하면 장난감을 줬을 때 훨씬 재밌어하며 전보다 집중도가 높아질 수 있습니다. 저는 개인적으로 거실에서 공을 던지면서, 강아지가 흥분하게끔 하는 놀이를 별로 좋아하지 않습니다. 하지만 그런 걸 좋아하는 강아지도 많으니, 그럴 땐 적당히 해주세요. 거실에서 공던지기를 하기보다는 방안이라든지 평소에 쉬는 공간이 아닌 다른 공간에서 공 던지기를 해주세요. 거실은 차분한 공간, 다른 방은 흥분하면서 노는 공간, 이렇게 인식이 되게끔이요.

3. 외출할 때만 장난감을 준다.

팁 하나를 더 드리자면 장난감을 혼자서도 가지고 놀고, 정말 좋아하는 강아지라면 외출할 때만 주시고 퇴근 후 회수! 이런 식으로 외출할 때만 주세요. 그러면 혼자 있을 때 훨씬 더 재미있게 잘 있을 수 있습니다.

이제 개껌을 어떻게 주는지에 대해서도 살펴보겠습니다.

1. 줬다 뺏었다 한다.

대부분 소가죽 우유껌이나 오래 먹을 수 있는 우드스틱이나 이런 걸 많이 주시는데, 이런 것도 마찬가지로 줬다가 안 먹으면 빼주세요. 오래 먹을 수 있는 소가죽 우유껌이나 우드스틱 같은 건 강아지들이 몇분 먹다가 지겨워할 거예요. 그러면 그 상태로 바닥에 두지 말고 안 먹으면 빼주시고 몇 시간 후에 다시 줘보시고, 또 먹지 않으면 다시 빼주시고 이렇게 계속 반복합니다.

2. 외출할 때 준다.

개껌은 사람이 있을 때 주는 것보다는 외출할 때만 주는 게 가장 좋기는 합니다. 혼자 있을 땐 강아지들이 심심해하잖아요. 그래서 외출할 때 좋아할 만한 것을 다 주세요. 하지만 개껌을 주실 땐 정말 조심해야 하는데, 강아지들이 먹다 목에 걸릴 수도 있어요. 급하게 먹는 강아지들이나 그대로 삼켜 먹는 강아지들은 정말 조심히 주셔야 합니다. 특히 외출할 때 개껌을 줘서 목에 걸린다면 위험할 수도 있으니 강아지에게 맞게끔 주시는 게 좋습니다.

장난감과 개껌, 올바르게 주면 강아지들이 더 행복하고 재밌게 지낼 수 있습니다.

강아지가 좋아하는 행동 6가지

이번 단락에서는 강아지가 좋아하는 행동 6가지에 대해서 알아보겠습니다. 잘 숙지하셔서 실천한다면 강아지들이 보호자를 훨씬 더 좋아할 거라고 생각합니다.

1. 하이톤으로 말하기

강아지는 사람과 달라 높은 소리에 더 쉽게 반응하고 집중해요. 그래서 강아지들이 일반적으로 남성보다는 여성을 더 좋아하는 경우가 많아요. 쉽게 생각하면 다섯 살 정도의 어린아이에게 이야기하는 거라고 생각하시면 됩니다.

어린아이들에게도 "안녕(낮은 소리)?" 하는 것보다 "안녕(높은 소리)?" 이렇게 말해주는 편이 훨씬 좋아하고 관심을 보이잖아요. 아이들한테도 하이톤으로 말을 해야 경계심을 풀고 좋아하는 것처럼, 강아지들한테도 비슷한 음역대로 말을 해야 합니다. 제 목소리가 조금 하이톤이어서 강아지들이 저를 좋아하는 것 같아요.

하지만 24시간 내내 하이톤으로 "아이구, 예뻐. 내 새끼~"한다면 강아지들은 그 공간을 흥분하는 공간으로 인식할 수 있으니, 적당히 해주는 게 중요합니다. 산책하면서 야외에서는 맘껏 하이톤으로 같이 놀아주셔도 됩니다. 특히 남성 보호자 중 목소리가 낮은 분들은 강아지들에게 하이톤으로 말하기 연습 꼭 해주세요!

2. 스킨십 해주기

사람도 나에게 관심을 가져주는 사람이 좋은 것처럼, 강아지도 관심을 가져주고 스킨십 하는 걸 좋아하는 경우가 많습니다. 얼굴을 쓰다듬어주거나 가슴 쪽을 만져주거나 배 쪽을 만져주거나…. 이렇게 만져달라고 하는 강아지들이 정말 많아요. 강아지를 만질 때는 얼굴 위로 만지는 것보다는 손을 아래로 내려서 강아지가 오게 되면 턱 밑 가슴부터 천천히 만지며 그 다음 위쪽을 쓰다듬어주는 게 좋습니다. 하지만 어렸을 때부터 스킨십을 너무 당했거나 원래 스킨십을 싫어하는 성향의 강아지들은 만지는 걸 싫어할 수도 있으니, 이런 친구들은 스킨십을 하지 말아주세요.

3. 눈높이 맞추기

강아지는 위에 있는 사람을 올려다보는 것보다는 같은 눈높이에서 보는

걸 좋아합니다. 따라서 바닥에 누워서 교감을 해주셔도 좋아요. 사람도 덩치가 크고 키가 엄청 큰 사람이 두려운 것처럼, 강아지들도 비슷하게 느낀답니다. 바닥에 누워서 눈맞춤 하기, 아시겠죠?

하지만 정시로 응시하는 건 강아지가 경계하거나 도전적으로 받아들일 수도 있으니 친밀감이 형성되어 있는 경우에만 긍정적인 효과를 볼 수 있습니다. 친밀감이 형성되어 있지 않은 강아지에게는 해서는 안 되는 행동입니다.

4. 규칙적인 산책

산책이 좋다는 건 모든 분이 알고 계실 거예요. 하지만 규칙적인 산책은 쉽지 않지요. 강아지들은 산책을 통해 정말 많은 스트레스를 풀 수 있습니다. 풀숲, 나무, 사물, 바닥에 많은 냄새 등 냄새를 맡으면서도 스트레스를 해소해요. 하지만 냄새 맡는 산책은 안전한 공간에서 해야 한다는 거 알고 계시죠?

그렇다면 산책은 얼마나 해야 적당할까요? 제가 생각하는 강아지의 기본적인 산책 시간, 횟수는 하루 두 번입니다. 한 번 나갈 때 20~30분이 가장 기본이라고 생각합니다. 하지만 산책을 1~2시간씩 했던 강아지들은 그렇게 해주시는 게 좋습니다. 갑자기 산책 시간을 줄이면 굉장히 심란해할 수도 있어요.

5. 웃는 얼굴 보여주기

강아지들은 정말 신기한 게 사람의 모든 감정을 알고 있습니다. 좋을 때나, 슬플 때나, 아플 때나 여러분의 강아지들도 다 알고 있을 거예요. 사람도 웃는 사람을 보면 기분이 좋아지듯이, 강아지들도 웃는 사람을 보면 기분이 좋아지고 마음이 편해진다고 해요. 반대로 정색을 하는 사람한테는 다가가지 않으며 기분이 안 좋아질 수 있으니, 사랑스러운 강아지들에게 항상 웃는 얼굴을 보여주세요! 지금 강아지가 옆에 있다면 이름을 부르며 웃어주세요.

혹시 집안에서 언성을 높이며 싸우시는 분이 있으실까요? 그런 행동은 강아지들이 굉장한 스트레스를 받고 눈치를 많이 볼 수 있습니다. 어린아이들한테도 싸우는 모습을 보여주면 안 되는 것처럼, 강아지들한테도 그런 모습을 보여주지 마세요.

6. 칭찬해주기

사람도 칭찬을 받으면 기분이 좋아지는 것처럼, 강아지도 칭찬해주면 정말 좋아합니다. 예를 들어 배변을 잘했을 때 "아이고 잘했어!" 빗질을 한 후에 "아이고 잘했어!" 싫은 행동을 잘 참았을 때 "아이고 잘했어!" 등 강아지들이 평소에 칭찬받을 만한 상황은 정말 많을 거예요.

간식을 주며 말로 칭찬을 해도 좋지만, 때론 간식 없이 "아이고 잘했어!"라고 칭찬해주셔도 좋습니다.

여러분의 강아지들은 평소에 칭찬받을 행동을 정말 많이 하고 있을 거예요. 하지만 당연하게 그냥 넘어가셨다면, 이 책을 본 후부터는 강아지가 잘한 행동에 대해 하나 하나 칭찬을 해주세요. 이렇게 할수록 보호자와의 교감이 더 잘 이루어질 것입니다.

강아지가 싫어하는 행동 4가지

방문교육을 13년 동안 다니면서 많은 보호자와 강아지들을 만났는데요. 의도했든 의도하지 않았든 보호자의 잘못된 행동으로 인해서 문제행동이 생기게 되는 경우가 정말 많았습니다.

이번 단락에서는 대표적으로 강아지들이 싫어하는 행동 4가지에 대해서 알아보기로 하겠습니다.

1. 쉬고 있는데 만지기

강아지가 자기 방석에서 쉬고 있는데, 굳이 가서 뭐해? 어디 아파? 우울해? 만져줄까? 놀아줄까? 하는 보호자가 많습니다. 이럴 땐 강아지들이 분리불안이 있는 게 아니라 보호자들이 분리불안이 있는 것 같아요. 강아지가 근처에 있으면 계속 만지고 싶고, 옆에 두고 싶고, 안고 싶고…. 그래서 강아지가 가만히 있는 것을 못보고 굳이 곁에 다가가 강아지를 계속 만지면서 귀찮게 하거나 장난감을 던지면서 놀려고 해요.

여러분도 쉬고 있는데 누가 와서 놀자고 계속 말을 걸고 쓰다듬으려고 하면, 정말 스트레스받잖아요. 강아지도 마찬가지입니다. 따라서 강아지들이 쉬고 있으면, 그 행동을 존중해주셔야 합니다. 옆에 가서 만지거나 괴롭히지 마세요. 특히 어린아이들이 강아지를 함부로 대하는 경우가 많은데, 그런 행동은 보호자가 아이들에게 알려주셔야 합니다. 강아지는 장난감이 아니니, 그렇게 강아지를 막 만지고 안으면 안 된다고요.

보호자 옆에서 쉬는 강아지라도 무조건 만지는 게 아니라 사람의 손길을 별로 좋아하지 않는다면, 그대로 두세요. 사람이 만져주는 걸 당연하게 생각하는 게 아니라, 손길이 그리워서 강아지가 스스로 다가오도록 해주시면 좋습니다.

2. 미용하기

미용할 때 싫어하는 강아지들이 정말 많습니다. 특히 물티슈로 눈곱을 닦을 때나 항문을 닦을 때, 발톱을 깎으려고 하거나 빗질을 할 때, 목욕할 때 등 강아지가 싫어하는데도 억지로 하는 보호자가 많습니다. 해야 하니까 어쩔 수 없이 하는 거죠. 물론 강아지 위생상 어쩔 수 없이 하는 경우도 많지만, 그저 예뻐 보이려고 하는 분이 많습니다.

특히 흰색 강아지들, 산책 한 번 나갔다 오면 발바닥 주변이 더러워서 회색으로 되다 보니 강아지가 싫어하는데도 억지로 오랜 시간 발을 닦아주는 분들이 있어요. 강아지가 발 닦는 걸 많이 싫어한다면, 되도록 오래 하지 말고 짧게 해주세요.

강아지들은 자신의 털이 흰색이든 회색이든 상관하지 않습니다. 당연히 발을 잘 닦는 강아지라면 오랜 시간 해주셔도 됩니다. 빗질도 마찬가지예요.

제 말은 하지 말라는 게 아니라 싫어하는데 억지로 하지는 말라는 뜻입니다. 싫어한다면 하지 말고, 천천히 교육을 통해서 조금씩 해주세요. 미용을 싫어하는 강아지라면 실내에서 연습도 하지만, 산책 나가서 야외에서 빗질을 하면서 간식을 주거나, 눈곱을 닦이면서 간식을 주거나, 집에 들어가기 전 밖에서 물티슈로 발을 닦이거나 하면 좋습니다.

강아지들은 밖에 나가면 아무 생각 없이 그냥 좋아하거든요. 싫어하는 미용을 해도 아무렇지 않고 좋아할 수도 있습니다. 너무 심한 강아지들은 야외에서부터 미용하는 연습을 해주셔도 좋아요.

3. 먹고 있는데 뺏으려는 행위

개껌을 먹고 있는데 뺏으려고 하는 보호자가 많습니다. 특히 어린 강아지 때요. 그래선 안 됩니다. 강아지가 뼈다귀를 먹고 있는 모습이 너무 귀여워서 가까이 가면, 강아지는 뺏기는 줄 알고 본능적으로 으르렁거리게 됩니다. 그런데 그 모습이 귀엽다고 뺏는 척을 계속하거나 으르렁거리고 물어도 "아이고, 귀여워."라고 하지요.

어렸을 때부터 이런 식으로 계속 장난을 치다 보면 강아지들은 뺏기는 거에 대해서 트라우마가 생기게 됩니다. 그래서 뼈다귀나 장난감 같은 걸

뺏으려고 하면 으르렁거리거나 물려고 하는 거예요. '밥 먹을 때는 개도 안 건드린다.'라는 표현 들어보셨죠? 강아지들이 사료나 간식 먹을 때, 뼈다귀 같은 오래 먹을 수 있는 것을 먹을 때는 근처에도 가지도 말고, 장난도 치지 말고 최대한 멀리 계셔 주세요.

4. 안으려고 하는 행동

안으려고 하면 도망가거나 안기지 않으려는 강아지들이 많습니다. 아기 때 보호자들이 너무 자주 안아줘서 싫어할 수도 있고, 강아지가 싫어하는 행동을 할 때마다 안으려고 했기 때문에 안기는 걸 싫어할 수도 있습니다. 특히 발톱을 자르거나 눈곱을 닦거나 빗질을 한다거나. 얼마나 똑똑한지 빗질을 하려고 하면 바로 눈치채고 도망가죠. 그래서 어쩔 수 없이 해야 하니 강아지를 억지로 안아서 그 상태로 싫은 빗질을 하게 되는 거죠. 그래서 점점 강아지의 기억은 사람이 나를 안으려고 하면 내가 싫어하는 행동을 하는 거라고 기억하게 됩니다. 하지만 안기는 걸 좋아하는 강아지들은 안았을 때 항상 좋은 것만 했기 때문에 잘 안기려고 하는 거예요.

어린아이들이 있는 가정에서는 어린아이들이 강아지를 함부로 안으려고 하기 때문에, 강아지들이 안기는 걸 싫어할 수도 있습니다. 안기는 걸 싫어하는 강아지들은 일단 무조건 안지 않아야 하며, 천천히 교육을 해야 합니다. 안기는 걸 싫어하는 강아지의 간단한 교육방법은 다음과 같습니다.

방석에 올라가서 앉으면 간식을 주는 연습을 하고, 그다음 방석에 올라가서 앉으면 안기는 연습을 해주세요. 안고 간식을 주는 게 아니라 안기는 척 연습을 하고 간식을 주셔야 합니다. 중요한 포인트는 교육이 되기 전까지는 절대 안으면 안 됩니다.

이렇게 대표적으로 강아지가 싫어하는 4가지 행동에 대해서 알려드렸습니다. 어쩔 수 없는 상황이라면 해야겠지만, 강아지를 정말 사랑한다면 싫어하는 행동은 최대한 하지 말아주세요. 평생 하지 말라는 게 아니라 조금씩 그 행동을 좋게 만들어주시면 됩니다. 그러면 강아지가 보호자를 더 신뢰하며 행복한 반려생활을 할 거라고 생각합니다.

펫티켓

(보호자 에티켓)

반려견을 키우고 있는 보호자라면 꼭 알고 있어야 할 펫티켓을 알려드리려고 합니다. 펫티켓은 공공장소에서 반려동물을 동반하거나 타인의 반려동물과 마주쳤을 때 갖춰야 할 기본예절을 의미합니다. 이 책을 보신 분이라도 실천을 잘해주신다면, 우리나라가 지금보다 더 나은 반려동물 선진국이 되지 않을까 싶어요. 이 단원에서는 가장 기본적이면서도 잘 모르고 있는 중요한 펫티켓 몇 가지를 알아보겠습니다.

1. 상대방 보호자 허락 없이 강아지들 냄새 맡게 하지 말기

제가 겪었던 일을 예로 들어서 말씀드려볼게요. 방문교육을 가서 다른 강아지를 보면 무서워하는 강아지의 산책교육을 하고 있었어요. 그런데 갑자기 어느 강아지가 옆에서 나타나더니 저희 강아지한테 확 달려들면서

금쪽같은 내 강아지,
어떻게 키울까?

냄새를 맡으려고 하는 거예요. 그 강아지는 좋아서 냄새를 맡으러 온 건데, 저희 강아지는 무서워서 도망가고 벌벌 떨었습니다. 그래서 제가 상대방 보호자님한테 말씀을 드렸죠.

"보호자님, 저희 강아지는 강아지 친구를 무서워합니다. 빨리 지나가 주셨으면 좋겠습니다."

제가 교육을 했던 강아지는 그 이후로 다른 친구를 더 무서워하게 되었을 거예요. 이런 상황은 한두 번 있는 게 아니라 매번 일어나는 일이에요. 모두 다 그렇진 않지만, 대부분 나이가 있으신 분들이 그러시더라구요. 산책하다가 상대방 보호자의 허락도 없이 강아지들끼리 냄새 맡는 행동은 절대 해서는 안 됩니다. 강아지들끼리 냄새를 맡게 하려면 일단 멀리서 상대방 보호자한테 허락을 구하세요.

"강아지 친구 좋아하나요?"

"먼저 다가가도 될까요?"

"혹시 강아지들 냄새 맡게 해도 될까요?"

당연하면서도 보호자들이 놓치고 있는 부분이에요. 여러분의 강아지는 다른 강아지 친구를 좋아할지는 몰라도, 다른 강아지는 무서워할 수도 있고 싫어할 수도 있습니다. 무례하게 다가오는 분들의 특징은 일반적으로 자신의 반려견이 하고 싶은 대로 다 해주고, 가고 싶은 대로 다 가게 해주는 편이에요.

그러기 때문에 다른 강아지를 만나려고 하는 것도 당연하다고 생각을 해서 다른 강아지만 보이면 냄새 맡으려고 가는 거예요.

강아지 산책할 때는 기본적인 예절을 꼭 지켜주셔야 합니다. 냄새 맡다가도 그냥 가자고 해야 할 때도 있고, 가고 싶은 데로 가자고 해도 그냥 지나칠 때도 있어야 하고, 다른 강아지 친구가 보여도 그냥 가자고 해야 할 때가 있습니다. 상대방을 위해 기본적인 예절교육 펫티켓을 꼭 지켜주세요.

2. 산책 예절

날씨가 좋을 때면 산책을 시키는 분들이 정말 많습니다. 산책을 나가면 강아지들이 스트레스를 풀고 너무나도 좋아하지요. 하지만 산책할 때 문제 행동이 있는 강아지들은 더욱더 예절을 지켜주셔야 합니다. 특히 산책할 때 짖는 강아지(외부 사람, 다른 강아지 친구, 오토바이, 자전거 등) 어느 특정 대상에 대해 짖는 친구들이 있어요. 짖는 게 당연한 행동은 아닙니다. 보호자가 교육을 해서라도 짖지 않게 해주는 게 기본적인 예절이라고 생각합니다.

우리 애는 짖는다고 그냥 무덤덤하게 그 자리를 피하면 끝난다고 생각하는 분들이 많은데, 당연한 게 아닙니다. 정작 짖는 강아지도 많이 힘들 거예요. 보호자가 직접 교육을 하거나 전문가를 통해 교육을 해서 그 문제를 꼭 해결해야 합니다.

그리고 3~5미터 자동줄이나 긴 리드줄을 쓰는 분은 사람이 많은 곳에서는 짧은 줄을 쓰거나 고정해놓고 다녀주세요. 리드줄을 길게 하면 외부 사람이 굉장히 위협적으로 느낄 수 있습니다. 2022년 2월 12일부터 법적으로 리드줄 길이제한이 실시되었기 때문에 2m 리드줄을 사용해주셔야 합니다. 사람이 없는 공간에서는 긴 리드줄을 쓰며 강아지와 신나게 놀면서 다녀도 되지만, 일반 도심, 도로에서는 안 됩니다.

그리고 산책할 때 흥분을 많이 하거나 보호자를 끌고 다니는 강아지들, 이 부분도 교육을 꼭 해주세요. 사람이 많은 도시, 일반도로에서는 차분하게 보호자 옆에서 나란히 걷도록 해주세요.

3. 다른 강아지 함부로 인사하지 말고 만지지 않기

지나가다가 이쁜 강아지가 지나가면 아이고 예쁘다! 소리 지르면서 박수치는 행동을 하는 사람들이 있어요. 그렇게 하면 강아지들이 깜짝 놀랄 수가 있어요. 더 무례한 분은 보호자의 허락도 없이 강아지한테 다가와서 만지려고 해요. 이것이 과연 상식적인 행동일까요?

예를 들어 딸과 함께 산책하고 있는데, 지나가던 사람이 갑자기 허락도 없이 아이고 예쁘다! 박수를 치면서 제 아이한테 다가오면서 만지려고 하는 거예요. 사람으로 치면 정말 예의 없는 행동이겠죠? 강아지들도 마찬가지랍니다. 예의를 지켜줘야 합니다. 외부 사람을 싫어하는 강아지일 수도 있고, 무서워하는 강아지일 수도 있어요.

미국이나 반려동물 선진국 같은 곳은 일부러 강아지 눈도 안 마주치고 지나가는 경우도 많습니다. 보호자한테 묻지도 않고 강아지를 만지는 행동은 절대 해서는 안 됩니다.

지나가다가 예쁜 강아지를 발견했어요. 그래서 아는체하고 싶고 예뻐해주고 싶다면 보호자에게 "혹시 강아지가 사람 좋아하나요?" "너무 예뻐서 그런데, 만져봐도 될까요?" 이런 식으로 물어본 후에 괜찮다고 하면 그때

예뻐해주셔도 됩니다. 하지만 허락했다고 해서 무작정 강아지한테 다가가서 아이고 예쁘다! 하면 강아지는 무서워할 수도 있습니다. 제가 정확한 인사법을 알려드릴게요.

강아지와 어느 정도 거리 유지가 되고 있다면 서 있는 상태로 바로 강아지한테 가지 말고 어느 정도 거리를 둔 상태에서 그 자리에서 웅크려 앉은 후 손바닥을 내밀면서 강아지를 부르고, 그 후에 강아지가 다가오면 차분하게 턱 밑부터 만져주시면 됩니다. 먼저 흥분해서 과격하게 "아이고 예쁘다~"하시면 안 됩니다. 차분하게 인사해주고 만져주세요. 강아지들은 자신을 존중해주는 사람을 좋아합니다.

4. 어린아이들 예절

강아지 산책을 시키다 보면 어린아이들이 강아지를 보고 예쁘다고 아오, 귀여워~ 뛰어다니고 만지려 하고, 왔다 갔다 하면서 장난치려고 하지요. 이런 경험이 정말 많으셨을 거예요. 이래서 대부분의 강아지가 어린아이들을 싫어합니다. 그런데 우리가 직접 어린아이들에게 그러지 말라고 말해봤자 듣지 않죠. 어린아이들의 보호자가 먼저 신경을 써서 아이들에게 교육을 시켜주셔야 합니다. "그렇게 소리 지르면서 뛰어다니면 강아지가 무서워해." 그리고 앞서 말씀드렸던 강아지 인사법을 토대로 어린아이들에게 알려주세요.

5. 애견카페 애견운동장 예절

강아지를 풀어놓고 있는 공간에 간다면 보호자가 더욱더 신경을 써주어야 합니다. 다른 강아지 친구한테 무례하거나 함부로 인사를 하는 강아지라면 보호자가 직접 나서서 제지해주셔야 하고, 흥분을 많이 한다면 보호자가 직접 나서서 진정시켜주어야 합니다. 강아지가 너무 예민해서 말을 듣지 않고 진정시키기가 힘들다면, 전문가가 있는 곳으로 데려가서 그 행동에 대해 교육을 받기를 권합니다.

6. 집안에서의 짖음 문제

집안에서 짖음으로 인해 많은 민원과 사건 사고들이 발생하고 있습니다. 외부소리, 초인종 소리에 대해 짖음이 심할 수도 있고, 혼자 남겨져 있을

때 불안해서 짖음이 심할 수도 있습니다. 강아지가 한두 번, 혹은 두세 번
은 당연히 짖을 수도 있어요. 그걸로 민원이 들어오지는 않을 거예요. 집안
에서 짖음이 심한데도 안일하게 생각하시는 보호자들 때문에 문제가 많이
발생합니다. 짖음이 심한 강아지는 보호자가 하루 빨리 교육을 해서 남에
게 피해를 주지 않았으면 좋겠습니다.

7. 공격성이 있는 친구들은 입마개 하기

사람이나 다른 강아지 친구한테 공격성이 있는 강아지라면 입마개 교육
을 하고, 그다음 꼭 채워주셔야 합니다. 언제 어떻게 무는 상황이 생길지
모릅니다. 입마개를 혐오 물건으로 생각해서 어떻게든 안 하려고 하는 분
들이 있는데, 외국에서는 흔하게 쓰고 있으며 공격성이 심하다면 당연히
해야 합니다.

8. 리드줄 풀어놓지 않기

공원 같은 곳에 강아지를 풀어놓고 있는 분들이 은근히 많은 것 같습니
다. 아무도 없는 산골짜기 같은 곳에서는 상관이 없겠지만, 사람이나 다른
강아지가 지나다니는 공간이라면 절대 해서는 안 됩니다. 보호자도 모르게
다른 외부인한테 갈 수도 있고, 다른 강아지 친구한테 갈 수도 있습니다.
위험한 상황이 생길 수도 있으니 꼭 안전한 울타리가 쳐져 있는 강아지 전
용 운동장 같은 곳에서 풀어주세요.

훌륭한
보호자가 되려면?

　방문교육을 오랫동안 다니면서 많은 보호자를 만나는데, 상담을 하다 보면 정말 훌륭한 보호자라고 생각되는 경우가 많습니다. 그렇다면 훌륭한 보호자란 어떤 사람일까요?

　훌륭한 보호자는 강아지와 보호자 둘 다 서로 스트레스받지 않고 편안하고 안정되게 지낼 수 있는 관계를 이끌어가는 사람이라고 생각합니다. 나는 강아지 때문에 스트레스를 받지 않고, 강아지는 나 때문에 스트레스를 받지 않을까? 이번 기회에 한번 진지하게 생각해보셨으면 합니다. 지금부터 제가 말씀드리는 방법을 하나씩 하나씩 실천해보시면, 좋은 보호자가 될 수 있습니다.

1. 좋아하는 것 해주기

강아지를 몇 개월 이상 키워보신 분들은 대부분 우리 강아지가 어떤 걸 제일 좋아하는지 아실 거예요. 산책, 간식, 장난감, 놀이, 사람 품에서 쉬는 것, 넓은 야외운동장 가기 등….

강아지가 제일 좋아하는 걸 한번 생각해보세요. 예를 들어 산책 나가는 걸 제일 좋아하는 친구예요. 그런데 산책을 매일 가면 좋겠지만, 사람도 일을 하다 보니 피곤하면 한두 번 못 나가게 되고, 회식이 있으면 너무 늦게 들어가서 못하고, 보호자의 몸이 안 좋아 못 나가기도 해요. 이렇게 보호자에게 일이 생기면 강아지들은 제일 좋아하는 산책을 못나가게 돼요. 그럼 강아지들은 얼마나 슬플까요?

또 예를 들어 운동장에 가서 뛰어노는 걸 정말 좋아하는 친구예요. 그래서 보호자가 주말에라도 한 번씩 데려가려고 하는데 주말에 약속이 생기고, 나가기 귀찮기도 해서 못 가요. 그러면 강아지는 또 한 주를 기다려야 합니다. 어느 보호자는 평일에도 연차 내고 강아지 데리고 운동장을 다니고, 주말에도 빠짐없이 운동장에 가서 뛰어놀게 해준다고 하더군요. 정말 훌륭한 보호자라는 생각이 들었어요.

이렇게 강아지한테 시간을 다 쏟아부으면 보호자의 개인 시간이 줄어들겠죠? 친구들도 못 만나고, 주말에 집에서 푹 쉬지도 못하구요. 그런데 강아지를 입양했으면 개인 일정은 어느 정도 포기해야 합니다. 친구나 지인들을 덜 만날 수밖에 없고, 강아지한테 더 시간을 쏟으면서 좋아하는 것을 같이 해주며 시간을 보내야 합니다. 훌륭한 보호자 되기, 정말 쉽지 않죠?

2. 싫어하는 짓 하지 않기

강아지를 귀찮게 하는 보호자들이 있어요. 저의 유튜브 채널을 보신 분들은 아시겠지만, 강아지들 좀 냅두라고 자주 말씀드리죠? 강아지가 쉬고 있는데 굳이 옆에 가서 뭐해? 심심해? 산책 갈까? 간식 줄까? 이런 식으로 관심을 끌려고 하죠. 그리고 스킨십을 별로 좋아하지 않는 친구인데 너무 예쁘다면서 계속 만지고요. 물론 스킨십을 좋아하는 강아지라면 계속 만져도 되지만, 좋아하지 않는다면 절대 안 돼요.

강아지가 혼자 놀고 있는데 굳이 가서 관심을 받으려고 하는 보호자가 있어요. 혼자 잘 놀고 있을 때는 가지 말아주세요. 강아지들도 혼자만의 시간이 필요하답니다. 그리고 사람한테 안기는 걸 싫어하는 강아지도 있는데, 너무 예쁘다고 안아주는 분도 안 돼요. 빗질이나 위생미용을 싫어하는 강아지인데 어쩔 수 없어, 해야 해! 하면서 억지로 하시는 분들이 있습니다. 제발 하지 말아주세요. 천천히 간식 하나 주면서 하는 척만 하고 끝내주세요. 옷 입는 것도 마찬가지예요. 자신의 강아지가 어떤 행동을 싫어하는지 다 아시죠? 강아지가 고개를 돌리거나 피하려고 한다면 그것은 싫어하는 행동이니 절대 하지 말아주세요. 싫어하는 행동만 하지 않아도 강아지가 보호자님을 정말 좋아하게 될 거예요.

3. 남에게 피해 끼치지 않기

이 부분도 정말 중요한데요. 비반려인들을 위해 남에게 피해를 주는 행동을 하면 안 됩니다.

엄마는 나를
지켜주는 존재

 예를 들어 실내에서의 짖음, 야외에서의 짖음, 타인을 무는 공격성 등 다양한 문제로 타인에게 피해를 끼치는 경우가 있는데요. 강아지가 이런 행동을 하는 게 당연하고 과연 행복한 걸까요? 짖는다는 건 강아지들이 그만큼 긴장을 하고 표현을 하고 예민하고 반응을 보인다는 뜻입니다. 예를 들어 외부소리에 많이 짖는 강아지는 집안에서 과연 편히 쉴 수 있을까요? 쉬면서도 어떤 소리가 들리나, 들리지 않나, 귀를 쫑긋하며 계속 경계를 할 거예요.

 산책 나가서 짖는 강아지들이 있지요? 산책 나가서 과연 편안하게 산책을 할 수 있을까요? 냄새를 맡다가도 누가 오나 안 오나 계속 경계하며 다닐 거예요. 남에게 피해를 끼치지 않는 것도 중요하지만, 강아지를 정말 위한다면 이런 문제행동을 고쳐줘야 합니다. 그리고 자신의 강아지가 남에게 피해를 주는 상황인데도 모르고 당당하신 분들, 절대 안 됩니다. 이런 분들 때문에 반려인들에게 비난의 화살이 쏟아지기도 합니다. 남에게 피해를 끼치는 강아지라면 꼭 교육을 꼭 해주세요.

4. 교육에 대해 진심인 분들

방문교육을 다니면서 많은 보호자를 만나게 되는데, 유튜브 영상이나 검색을 해서 정말 많은 공부를 하고 직접 교육도 하고 계시더라구요. 전문가처럼 정말 잘하고 계셔서 가끔 놀랍니다. 예전에는 문제행동이 있어야만 교육을 받았는데, 요즘에는 문제행동이 없어도 잘 키우고 싶다고 해서 교육을 받는 분이 많습니다. 이럴 때 저는 훈련사로서 매우 뿌듯합니다. 강아지 교육은 문제행동이 있을 때 받는 게 아니라 문제가 일어나기 전에 받아야 하거든요. 교육에 대해 진심인 분들 정말 존경스럽습니다.

특히 2~4개월 정도의 퍼피들은 아기 때부터 교육을 잘 시켜야 나중에도 잘 키울 수 있다고 생각하는 분들이 많아 저희도 교육을 많이 가고 있어요. 문제행동이 심할 때 교육을 받으면 보호자와 강아지가 둘 다 스트레스를 많이 받고 힘들겠지만, 문제행동이 없을 때 교육을 받으면 서로 스트레스를 받을 일이 없습니다. 그래서 조기교육, 미리 예방하는 교육이 중요합니다. 강아지 교육의 중요성에 대한 인식이 예전보다 많이 나아졌지만, 더 많은 분이 관심을 가져주셨으면 합니다. 강아지 교육은 선택이 아닌 필수입니다. 꼭 전문가한테 교육을 받으라는 게 아니라 인터넷 검색을 하면 다양한 방법이 많이 나와 있으니 기본적인 교육이라도 꼭 해주셔야 합니다.

5. 하루에 한두 번 산책 시키기

강아지 산책은 시간이 날 때 하는 게 아니라 하루에 1~2번은 꼭 나가주셔야 합니다. 어떤 보호자는 8시에 출근하는데 집안에 혼자 오래 있는 게 미안하다며 1시간 더 일찍 일어나서 산책을 시키고 출근하는 분도 계셨어요. 정말 대단하시죠? 강아지가 혼자 오랜 시간 집에 있어야 한다면 최소 이 정도는 해줘야 훌륭한 보호자라고 생각합니다.

6. 놀이방식

강아지가 좋아하는 놀이를 찾아주고 많이 해주세요. 보호자가 편하게 손쉽게 할 수 있는 놀이만 해주는 게 아니라, 강아지가 정말 좋아하는 놀이를 찾아서 그 놀이에 맞게 놀아주세요. 장난감을 좋아하지 않는 강아지라면 간식으로 보호자와 함께 할 수 있는 교육놀이를 해주거나 노즈워크를 많이 해주면 좋겠죠?

지금 강아지를 키우고 있는 분은 강아지의 친구가 아니라 보호자입니다. 강아지를 존중하고 이해하고 교육을 잘해준다면 보호자를 더 믿고 잘 따르고 의지할 겁니다. 강아지가 친구처럼 생각하게 하는 게 아니라 보호자로 생각할 수 있도록 노력해주세요.

강아지에게 친구는
꼭 필요할까요?

먼저 반려견을 키우시는 보호자께 여쭤보고 싶어요. 보호자님은 친구가 많나요?

A라는 사람은 친구가 정말 많고, B라는 사람은 2~3명 정도만 만나고, C라는 사람은 친구가 없고 배우자, 아니면 가족들이랑만 지내고 있어요. 이건 사람 각각의 성향 차이지 친구가 없다고 해서 문제는 아니라고 생각합니다.

강아지들도 마찬가지예요. 친구가 없다고 못 논다고 속상해할 게 아니라 노력을 했는데도 좋아지지 않는다면, 그 성향을 존중해주셔야 하며 당연한 일입니다.

"훈련사님, 우리 강아지가 다른 친구들을 만나서 냄새도 맡고, 신나게 놀았으면 좋겠어요."

"제 지인의 강아지는 다른 강아지랑 잘 놀던데, 부러워요."

이런 생각을 많이 하실 텐데요. 속상하겠지만, 이해해주셔야 합니다. 외향적인 보호자는 강아지를 어디든 데리고 나가고 싶어 하고, 강아지 친구도 사귀고 싶어 하지만, 내향적인 보호자는 그런 것보다는 그냥 강아지와 집안에만 있는 걸 좋아하는 편입니다.

외향적 보호자+내향적 강아지, 또는 내향적 보호자+외향적 강아지. 이런 성향이 만나면 참 힘들겠죠? 그래서 보호자와 강아지도 성향이 잘 맞는 게 중요합니다. 그리고 신기한 게 사람을 좋아하는 강아지는 다른 강아지 친구를 별로 안 좋아하고, 강아지 친구를 좋아하는 강아지는 사람을 안 좋아하더라고요. 사람도 좋아하고 강아지도 좋아하는 강아지는 많이 못 본 것 같아요.

강아지 친구가 없어도 사람과 함께 있는 게 제일 행복할 수도 있고, 집순이처럼 집에서 쉬는 게 제일 편할 수도 있습니다. 괜한 욕심으로 애견카페나 애견운동장에 데려가면 더 심한 스트레스를 받을 수 있어요. 다른 강아지 친구에 대해 안 좋은 기억이 생겨서 산책할 때 짖음이 더 심해질 수도 있습니다.

강아지 사회성은 커가면서 자연스레 좋아질 수도 있지만, 보호자가 노력을 많이 해주셔야 합니다. 사회성은 어떻게 기르냐고요? 산책하다가 다른 강아지 친구의 냄새를 맡으면서 자연스럽게 친해질 수도 있고, 애견카페나 애견운동장에 가서 친구들을 만나며 좋아질 수도 있습니다. 하지만 이렇게 자연스럽게 지내도 좋아지지 않는 친구들이 있어요. 자신한테 무례하게 해서 싫어질 수도 있고, 다른 강아지가 물어서 안 좋은 기억이 생길 수도 있습니다.

요즘 워낙 예민한 강아지가 많아서 강아지들끼리 냄새 맡다가 공격성이 나올 수도 있기에, 냄새 맡는 걸 함부로 해서도 안 됩니다. 친구를 처음 만나는 강아지라면, 차분하고 예의 바른 강아지를 만나 냄새 맡는 연습을 해야 하고, 흥분하거나 표현이 과격한 친구들은 무조건 피해주셔야 합니다.

강아지가 사회성을 기르려면 어떻게 해야 할까요?

첫째, 산책하다가 차분한 강아지를 만나서 냄새 맡는 것부터 배워야 합니다.

요즘 차분한 강아지가 드물긴 하지만, 산책하다가 다른 강아지가 차분해 보인다면 보호자한테 허락을 받은 후 천천히 냄새 맡는 연습을 해주시는

게 좋습니다.

둘째, 강아지 유치원 보내기

사회성이 없는 강아지는 유치원을 많이 보내는 편인데, 이게 가장 좋은 방법입니다. 대신 아무 곳이나 보내면 안 됩니다. 요즘 전문가가 아닌 일반인들이 많이 운영하는 것 같은데, 강아지에 대해 어느 정도 알아야 서로 인사하는 법도 알려주고, 서로 무례한 행동을 했을 때도 알려줄 수가 있습니다. 따라서 유치원 선생님이 훈련사이거나 전문가가 있는 곳으로 알아보셔야 합니다. 사회성이 없는 친구라면 처음에는 한두 시간씩 보내다가 적응을 잘하면 시간을 점점 늘리면 됩니다.

몇 주 보냈는데도 사회성이 개선되지 않거나 더 안 좋아진 것 같다면, 그냥 포기하기보다 보호자께서 좀 더 노력해볼 마음이 있으시다면, 다른 유치원으로 한두 번 더 다녀보셔도 좋을 것 같아요. 유치원마다 강아지들 분위기가 다 달라서 내 강아지에게 맞는 유치원이 있을 수도 있습니다.

사회성을 기르기 위해 보호자가 동반한 애견카페나 운동장을 가는 것은 추천하지 않습니다. 오히려 보호자와 함께 있으면 보호자나 자신의 영역을 지키려고 더 경계할 수도 있고, 보호자한테 도와달라고 하면서 공격성이 많이 생길 수도 있으며, 옆에서 도와달라며 계속 낑낑거릴 거예요.

다른 강아지들 만나서 냄새도 맡고 운동장에서 뛰어다니고 놀면 얼마나 좋겠어요. 하지만 모든 강아지가 다 즐거할 수는 없습니다. 보호자가 욕심을 조금은 내려놓으시는 것도 좋을 것 같습니다. 강아지는 이해해줘야 하고 존중해줘야 할 존재입니다.

강아지도
삐질까요?

저는 방문교육을 다니면서 만 마리 이상의 강아지들을 만났는데, 수업하다가 삐지는 강아지들을 정말 많이 봤어요. 등을 돌리고 있다거나, 괜히 다른 공간에 가서 쉬는 척한다거나, 곁눈질로 본다거나 등 이런 식으로 표현을 하는 걸 봤어요. 맨날 보호자한테 우쭈쭈 하며 사랑만 받던 강아지였는데, 갑자기 보호자가 거부표현을 하니까 뒤돌아서 있는 거죠. 강아지가 삐져 있는 모습이 얼마나 귀여운지 아시는 분은 아시죠? 거부표현을 하는 게 속상하긴 하지만, 문제행동 교육을 위해서는 어쩔 수가 없어요.

강아지는 사람과 교감을 많이 하는 동물이기 때문에 좋은 표현, 싫은 표현을 정말 많이 해요. 좋은 표현은 일반적으로 핥으면서 애교를 부리거나, 무릎에 올라오거나, 만져 달라고 엉덩이를 내밀거나, 발을 내밀거나, 놀아 달라고 장난감을 가져오기도 합니다. 싫은 표현은 물기도 하고, 으르렁거리기도 하고, 구석이나 동굴 같은 곳에 가서 나오지도 않고, 불러도 오지 않고, 배변 실수도 하고…. 정말 많은 행동들을 해요.

강아지들은 평소에도 잘 삐지는 것 같아요. 싫은 일을 할 때라든지, 자신을 예뻐해주지 않을 때, 하던 거를 못하게 했을 때, 산책을 못 나갔을 때, 놀아주지 않을 때⋯ 이런 상황에서 많이 삐지는 것 같아요. 또는 분리불안 교육을 위해서 안아주지도 않고, 사람 무릎에 있으면 못 올라오게 하고, 당연히 하던 행동을 못하게 하면 그 후부터는 삐져서 불러도 오지 않고, 보호자로부터 등을 돌리고 다른 쪽을 본다거나, 밥도 안 먹고 혼자 방석에 가서 자는 척하기도 합니다. 사람 보는 앞에서 배변 실수를 하는 경우도 있구요.

이렇게 기분이 나빴다고 표현을 하는 거죠. 그런데 보호자는 강아지가 이런 행동을 할 때 어? 어디 아픈가? 문제행동이 생겼나? 신뢰가 깨진 건가? 나를 싫어하나? 우울증이 생겼나? 여러 생각들을 많이 하는데, 크게

금쪽같은 내 강아지,
어떻게 키울까?

걱정 안 하셔도 됩니다. 그냥 애교로 넘어가 주세요.

사람도 누군가한테 삐지고 시간이 지나 풀어주면 다시 괜찮아지는 것처럼, 이런 표현은 당연한 거라고 생각하세요. 그럴 땐 그냥 모른 체하고 있다가, 시간이 지나서 기분을 풀어주면 됩니다. 삐졌을 때마다 바로 왜 그래? 엄마가 잘못했어, 맛있는 거 줄게, 안아줄게, 이리와, 하며 바로 풀어준다면 그 행동을 당연하게 생각할 수도 있어요. 그러니 삐졌을 때도 맘 약해지지 말고 단호하게 행동해주셔야 합니다.

칭찬과 훈육,
어떻게 하는 게 좋을까요?

　제가 강아지훈련을 처음 했을 때는 젊은 훈련사가 많지 않았는데, 지금은 정말 많은 강아지훈련사가 배출되고 있습니다. 반려동물 업종이 유망직종이라 하고, 언론에도 많이 노출되다 보니 이 직업을 선택하는 분이 많아진 것 같아요.

　말씀드리기 조심스럽지만, 잘못된 훈련사도 적지 않은 것 같습니다. 타업체에 강아지 교육을 받아보고 고쳐지지 않아서 다시 저희한테 요청해주시는 경우가 많은데, 그 전의 훈련사가 어떤 교육을 하고 갔냐고 물어보면 말도 안 되는, 인터넷에 떠돌아다니는 잘못된 교육방법만 알려준 경우가 많았습니다.

교육방법도 유행인 거 알고 계시나요?

몇 년 전 어느 방송 프로그램에서 강아지는 혼내면 안 된다, 칭찬만 하면서 교육을 해야 한다, 이런 콘셉트로 교육방법이 소개된 적이 있습니다. 그때부터 보호자들이 전혀 혼내지 않고 교육을 하고 계시더라구요. 그 이후부터 강아지 교육업체들은 '저희는 칭찬식 긍정교육만 합니다. 혼내지 않습니다.' 이런 식으로 홍보를 하고 있었어요. 긍정교육을 한다고 하면 좋은 이미지를 얻게 되니까요. 그런데 저는 이런 홍보 글을 쓰지 않았습니다. 칭찬이 필요한 강아지는 '긍정적인 교육방식'을 택하지만, '안 돼 교육'을 통해 훈육해야 하는 강아지도 있기 때문입니다.

그렇다면 칭찬과 훈육, 과연 어떤 걸 해야 맞는 걸까요?

정답부터 알려드리자면, 강아지에게 맞는 교육방식을 해야 합니다.

1. 외부소리에 대해서 짖는 강아지

외부소리에 짖는 경우는 크게 두 가지가 있는데, 첫 번째, 외부소리에 대해 안 좋은 기억이 있는 경우. 두 번째, 자신의 집과 보호자를 지키려고 하는 경우입니다.

첫 번째, 외부소리에 대해 안 좋은 기억은 예를 들어 택배 아저씨가 집 문을 똑똑 두드리면서 "계세요? 택배 왔습니다."하는 경우입니다. 이런 상황이 반복되면 강아지들은 위협적으로 느끼고 무섭기 때문에 소리에 대해서 안 좋은 기억이 생길 수밖에 없어요. 이런 강아지들은 긍정적인 교육방식으로 "그 소리는 좋은 거야." 하며 간식 같은 걸 이용해서 나쁜 기억을 좋은 기억으로 바꿔줘야 합니다.

두 번째, 외부소리에 대해 안 좋은 기억보다는 단지 집을 지키려고, 본능적으로 보호자를 지키려고 짖는 경우가 있어요. 보호자가 먼저 나서서 훈육방식의 교육을 하면서 "아니야. 너 집을 지키지 않아도 돼! 엄마가 지켜줄 거야! 진정해"라고 단호하게 안돼를 하며 그다음 긍정적인 방식을 같이 해야 합니다. 이해가 잘 되셨을까요? 다른 경우를 또 말씀드려볼게요.

2. 외부 사람한테 짖는 강아지

첫 번째, 좋아서 짖는 경우라면 긍정적인 행동이므로 천천히 간식을 주며 표현방식을 바꿔주는 교육을 해야 합니다.

두 번째, 외부 사람한테 트라우마가 있어 무서워서 짖는 경우. 트라우마가 있는 강아지들은 그 상황에 절대 훈육을 해서는 안 되며 무조건 긍정적인 교육을 통해서 "나쁜 사람이 아니야."라고 교육을 해야 합니다.

세 번째, 사람은 좋아하는데 자신만의 영역이나 보호자를 지키려고 짖는 경우도 있어요. 이런 경우는 안돼 훈육방식을 먼저 해서 진정을 시켜야 하며, 그다음 긍정적인 방법을 같이 쓰면서 교육을 해야 합니다.

이처럼 상황에 따라 긍정적인 교육만 해야 하는 강아지도 있고, 훈육방식과 긍정적인 교육을 같이 해야 하는 강아지도 있습니다. 간단하면서도 어렵죠? 훈육방식은 교육효과가 빠르다는 장점이 있지만, 잘못하면 더 안 좋아질 수도 있기에 신중하게 해야 합니다. 긍정적인 방식은 이상적이고 좋은 교육이지만, 교육효과를 보려면 정말 오랜 시간이 필요합니다. 최소 6개월? 혹은 그 이상이 걸릴 수도 있어요. 따라서 저는 수업을 가면 강아지에게 맞는 교육방법을 제시해드리며, 또 보호자가 해줄 수 있는 방법을 같이 맞춰가며 교육을 진행해드리고 있습니다.

정말 중요한 것은, 교육할 때 압박적이고 강압적인 훈육만 해서는 절대 안 됩니다. 강아지 버릇을 고친다고 마냥 혼만 내지 말아주세요. 특히 어르신들이 무작정 혼만 내시는데, 그러면 사나운 강아지로 변할 수도 있습니다. 가족 구성원 중 한 명은 혼내고 한 명은 칭찬만 한다면 강아지들이 혼란스러워할 수 있어서 더 안 좋아질 수도 있습니다. 문제행동 교육을 하려면 가족 구성원이 다 같은 방법으로 일관성 있게 해주셔야 합니다. 보호자가 원인 파악을 잘해서 강아지한테 맞는 교육방법을 찾아보세요. 그게 어렵다면 꼭 전문가의 도움을 받아보시길 추천드립니다.

산책할 때 어떤 줄을 써야 할까요?

꽤 많은 보호자님들이 목줄을 쓰면 강아지가 캑캑거리고 학대를 하는 것 같다고 느껴 가슴줄을 주로 사용하고 계신 것 같아요. 그렇다면 과연 가슴줄을 쓰는 게 맞는 걸까요?

저는 방문교육을 가서 산책교육을 정말 많이 하는데요. 산책시 사람을 끌고 다니는 것, 짖음, 공격성, 이런 문제가 많은데, 대부분 그런 강아지들은 가슴줄을 쓰고 있어요. 문제행동이 있는 강아지가 가슴줄을 썼을 때는 그 문제행동이 더 강화되기 쉽습니다.

강아지가 흥분해서 줄이 팽팽하게 당겨져 앞발이 들려지면, 그것은 공격 자세이고 더 흥분하게 돼요. 진정을 시키려고 할 때 줄을 당겨도 진정이 되지 않고 더 흥분만 하게 됩니다. 그래서 문제행동이 있는 강아지들은 가슴줄보다는 목줄이 좋습니다. 목줄을 쓰면 캑캑거리지 않냐구요? 산책할 때 항상 보호자가 끌려다니기 때문에, 강아지가 캑캑거리는 거예요. 줄이 당겨지니까요. 올바른 산책은 줄을 당기면서 다니는 게 아니라 느슨하게 내려놓고 다니는 것입니다.

쉽게 얘기하면 사람들이 끌려다녀도 강아지가 덜 아파하니까 어쩔 수 없이 가슴줄을 쓰게 되는 거죠. 하지만 가슴줄, 목줄 어떤 걸 쓰느냐보다 더 중요한 것은 끌려다니는 것부터 교육을 해야 한다는 것입니다. 줄을 당기지 않고 같이 걷는 차분한 보행 연습부터 하셔야 합니다. 그러면 목줄도 상관이 없겠죠? 아무런 문제행동이 없고 산책을 정말 잘하는 강아지라면 목줄이나 가슴줄, 아무거나 해도 상관없어요. 하지만 문제행동이 있고 흥분을 많이 하는 강아지라면, 가슴줄보다는 목줄로 하는 게 훨씬 좋습니다.

직접 하기 힘들다면 전문가의 도움을 받아보시는 게 좋습니다. 그렇다고 문제행동이 있는 강아지에게 다 목줄을 쓰라는 건 아닙니다.

그리고 가슴줄을 착용할 때 불편해하는 강아지들이 많아요. 여러 종류가 있지만, 다리를 잡아서 껴야 하는 가슴줄은 하지 않는 게 좋습니다. 만약 가슴줄을 쓸 예정이라면 쉽게 착용할 수 있는 가슴줄을 해주세요. 옷처럼 입는 면으로 된 가슴줄은 강아지들이 굉장히 답답해할 수도 있어요. 옷처럼 된 게 아니라 선으로만 되어 있는 게 훨씬 좋습니다. 가슴줄 착용을 싫어하는 강아지들은 목줄로 바꿔주는 게 좋습니다.

이제 자동줄과 일반 리드줄 얘기를 해볼게요. 가슴줄과 목줄이랑 개념이 비슷해요. 문제행동이 있는 강아지도 대부분 자동줄을 쓰고 있어요. 자동줄을 쓰게 되면 자신만의 영역이 넓어져서 흥분을 많이 하고, 그 공간을 지키려고 더 짖고 공격성이 심해질 수 있어요. 문제행동이 있는 강아지 중 자동줄을 쓰고 있다면 꼭 고정해놓고 다니셔야 합니다.

사람들이 다니는 인도에서 자동줄을 쓰면 정말 위험해요. 오토바이나 자전거가 갑자기 지나갈 수도 있거든요. 자동줄을 길게 풀어서 마음대로 왔다 갔다 할 수 있게 하려면, 일반도로가 아니라 공원 같은 사람이 없는 넓은 공간에서만 자동줄 고정을 풀고 자유롭게 다닐 수 있게 해주세요. 그 외에는 줄을 짧게 유지해주셔야 해요. 인도에 강아지가 마음대로 왔다 갔다 하면서 다닌다면, 다른 사람들이 불편해할 수도 있고, 내 강아지가 위험할 수도 있습니다.

특히 대형견들은 자동줄을 필히 고정해놓고 보호자 옆에서 안전하게 다녀야 합니다. 산책할 때 흥분을 많이 하는 강아지들은 자동줄보다는 2미터 정도의 리드줄이 가장 좋아요. 항상 2미터 안에서 다녀야 한다고 인식을 시켜야 해요. 이제 법적으로도 산책할 때는 2미터 길이제한이 있는 거 아시죠?

총정리를 해보자면 산책시 문제행동이 있는 강아지는 처음에는 목줄, 2미터 정도의 리드줄로 천천히 걷는 연습부터 한 후에 문제행동이 사라진다면 가슴줄, 자동줄로 변경하는 게 가장 좋습니다. 산책시 문제행동이 없는 강아지들은 목줄, 가슴줄 전혀 상관이 없으며, 사람이 많은 공간에서는 자동줄을 고정해서 다니고, 사람이 없는 공간에서는 자동줄을 길게 풀고 다니는 게 가장 이상적입니다. 이상 제가 말씀드린 부분은 보편적인 경우에 해당되고, 환경이나 강아지 성향에 따라 달라질 수 있습니다.

2미터 리드줄
법적 제한에 대하여

'동물보호법 시행규칙 12조(안전조치)' 부분이 변경되었습니다. 2022년 2월 12일부터 리드줄 2미터 길이제한이 실시되었습니다. 그런데 2미터로 리드줄을 제한하는 게 과연 맞는 걸까요? 도시나 사람 많은 공간에서 2미터라는 제한은 안전하고 좋은 방법이라고 생각합니다. 사람 많은 곳에서 자동줄을 쓰거나 리드줄이 너무 길면 사람이나 강아지나 둘 다 안전하지 않을 수 있으니까요. 하지만 사람이 없는 곳, 풀숲이나 공원 같은 넓은 공간에서는 강아지들이 마음대로 냄새를 맡으며 다닐 수 있도록 해야 하는데, 2미터 제한이라니요?

요즘 개물림 사고가 많다 보니 이런 법이 개정된 것 같은데, 2미터 길이제한 정도로 개물림 사고를 예방하진 못합니다. 물론 리드줄 길이제한을 한다면 좀 더 예방할 수는 있겠지만, 근본적인 해결책은 아닙니다. 그리고 엘리베이터 같은 공용공간 안에서는 강아지를 안거나 목덜미 부분을 잡아서 움직이지 못하도록 하는 것도 개정이 되었는데, 말도 안 된다고 생각합니다. 물론 강아지가 불편한 분들이 있겠지만, 기본적인 예절교육만 하면 좋아질 수 있는데, 강아지를 너무 억압한다는 느낌이 들어요. 강아지 통제를 못하는 몇몇 분들 때문에 많은 분이 피해를 입고 있습니다.

리드줄 길이제한보다 더 중요한 것은 교육입니다. 외부 사람한테 짖거나 공격적인 강아지들은 보호자가 경각심을 갖고 꼭 교육을 해야 합니다. 우리 강아지는 절대 물지 않는다고 하시는 분들, 꼭 교육 좀 하셨으면 좋겠습니다. 리드줄 제한을 할 것이 아니라 문제견에 대해 확실한 법을 만들어주는 일이 시급합니다. 그래야 보호자들이 교육을 시키게 되겠죠.

사람이 많은 도시에서는 2미터로 줄을 제한하는 건 좋다고 생각합니다. 2미터 정도면 앞뒤 총 4미터 정도를 다닐 수 있는 길이라 충분합니다. 3미터, 5미터짜리 리드줄이 유행했을 때가 있는데, 도시에서의 긴 리드줄은 너무 위험합니다. 그 줄은 단지 돈을 벌기 위해 나온 제품으로밖에는 안 보였어요. 자동줄이나 긴 리드줄은 사람이 많은 곳에서 쓰면 안 됩니다.

하지만 사람이 없는 공원 같은 공간이나 안전한 공간에서는 리드줄 제한을 풀어줬으면 합니다. 2미터면 강아지들이 충분히 돌아다니며 냄새를 맡지 못해요. 공놀이를 하며 뛰어다닐 수도 없어요. 그렇다면 강아지는 도대체 어디서 놀아야 하는 걸까요?

자동줄을 쓰던 강아지가 갑자기 2미터 리드줄을 쓰게 된다면 어떻게 될까요? 앞으로 멀리 나갔던 습관 때문에 산책할 때 계속 보호자를 끌고 다닐 거고, 앞으로 가고 싶어서 안달이 날 거예요. 그러다 보면 발바닥이 쓸려 다칠 위험도 있구요. 자동줄을 쓰는 보호자라면 지금부터라도 줄을 고정해놓고 다녀야 합니다. 처음에는 3미터 정도로 고정해놓고 다니다가, 그다음에는 2미터로 줄여주시는 게 좋습니다. 간단하게 해주실 교육은 리드줄을 하고 집안에서부터 간식을 들고 왔다 갔다 하면서 앉아, 교육부터 해주면 좋습니다. 그다음 현관까지, 그다음 1층까지, 이런 식으로 거리를 점점 넓혀주는 거지요. 이런 식으로 꾸준한 연습을 해주세요.

특수견, 맹견 책임보험 의무

핏불테리어, 로트와일러 등 특수견과 맹견들은 2021년 5월부터 책임보험에 들어야 합니다. 맹견으로 인해 사망하거나 장애가 되는 경우 8천만

원까지 보상해주는 보험입니다. 보험료는 한 달에 15,000원 정도입니다. 맹견을 키우는데 보험이 없다면 300만 원의 과태료가 부과된다고 합니다. 대형견과 맹견을 키우는 분들은 더욱더 예절교육을 시켜주셔야 합니다.

강아지 키우기 힘들다고 버리는 분들이 있어요. 전에는 동물유기가 300만 원 이하의 과태료였지만, 이제는 300만 원 이하의 과태료에 형사처벌로 이어진다고 합니다. 강아지도 소중한 생명입니다. 키우기 어렵다고 버리는 일은 부디 없었으면 합니다.

애견카페와 애견운동장, 데려가도 괜찮을까요?

"선생님, 저희 강아지 애견카페 데리고 가서 놀아도 될까요?"

방문교육을 다니면서 많이 받는 질문입니다. 애견운동장이나 애견카페, 강아지들이 많은 곳, 풀어놓을 수 있는 곳, 이런 곳에 데리고 가는 게 과연 좋을까요?

먼저 사람으로 예를 들어볼게요. 사람이 많은 곳에 가서 노는 걸 좋아하는 사람이 있는가 하면, 혼자 집에 있는 걸 좋아하는 사람이 있어요. 저도 예전에는 북적북적한 곳이 좋았는데, 요즘에는 집에 혼자 있는 게 좋더라구요, 집돌이처럼요. 그리고 전에는 많은 사람과 함께 어울려 노는 걸 좋아했는데, 이제는 한두 명 이렇게 노는 게 좋더라구요. 사람도 이렇게 성향이 다른 것처럼 강아지들도 다 다르다고 생각하시면 됩니다.

일반적으로 보호자들은 자신의 강아지가 다른 강아지랑 무조건 친하게 지내야 한다는 생각으로 애견카페나 애견운동장에 억지로 데려가는데, 어떤 강아지한테는 굉장히 스트레스일 수 있습니다. 그 강아지는 집안에서 보호자랑 노는 게 제일 좋은데, 보호자가 억지로 끌고 가면 강아지 친구들을 점점 더 싫어하게 되겠죠? 그래서 그 이후에 산책할 때 다른 강아지만 보면 더 짖는 일이 발생하기도 해요. 따라서 강아지의 성향을 존중해주셔야 합니다.

우리 강아지가 다른 강아지들이랑 노는 걸 좋아하는지 안 좋아하는지 알려면 보호자가 먼저 노력해주셔야 합니다. 애견카페 운동장 같은 곳을 한두 번 데리고 간다고 해서는 정확히 알 수 없고, 최소 5번 정도는 가봐야 내 강아지가 다른 강아지랑 노는 걸 좋아하는지 좋아하지 않는지 알 수 있을 거예요. 그런데 이런 노력도 안 해보신 보호자가 정말 많더라구요.

강아지를 좋아하는 친구일 수도 있는데 보호자들이 귀찮아서 집에만 있고, 또 반대로 강아지를 싫어하는 친구인데, 보호자의 욕심으로 억지로 끌고 가는 경우도 많아요. 보호자가 여러 번 데리고 가서 잘 노는지 못 노는지 운영하는 관리자한테 물어보셔서 확인해도 좋을 것 같아요.

그리고 나이가 있는 강아지들은 무리해서까지 강아지 친구를 만들어 주려고 하지 마세요. 예를 들어 8살 된 강아지가 애견카페 운동장을 한 번도 가본 적이 없는데, 갑자기 보호자가 데리고 간다면 큰 스트레스를 받을뿐더러 많이 힘들어할 수도 있어요.

사회성이 없는 강아지들 기준으로 제 개인적인 생각은 1~2살까지의 강

아지들은 사회성을 위해 보호자가 노력을 해서 많이 데리고 다녀야 한다고 생각하는데, 3~4살 이상의 강아지들은 강아지들에 대한 사회성을 기르는 게 과연 맞는 걸까? 라는 생각을 하기도 해요. 4살 이상 강아지들은 그냥 지금 이대로 사는 게 가장 행복할 수도 있거든요.

　애견카페, 운동장을 다니면 모든 게 다 좋은 게 아니라 집안에서의 문제점들이 많아질 수가 있어요. 강아지 입장에서 다른 강아지들을 좋아하는 친구들은 스트레스도 많이 풀리고 정말 행복할 거예요. 하지만 문제행동을 교정하는 훈련사로서 말씀을 드리자면, 애견카페, 운동장을 많이 다니게 될 경우 짖음, 마킹, 마운팅, 공격성, 다른 강아지에 대한 트라우마 등 이런 문제행동이 심해질 수도 있다고 생각해요. 그만큼 많이 봤습니다.

애견카페에 가보신 분은 알겠지만, 사람이 들어오면 수십 마리의 강아지가 우르르 나와서 짖는 거 보셨죠? 그리고 서로 놀면서도 정말 많이 짖어요. 짖으면 보호자님 강아지도 당연히 따라 짖을 거구요. 무리생활을 하는 강아지들은 그곳에 가면 어쩔 수 없이 따라 하게 됩니다. 그래서 집안에서 짖음이 없던 강아지도 그런 곳에 갔다 와서 짖음이 심해지는 경우가 많습니다. 당연히 본능을 배워오는 거죠. 그리고 강아지들끼리 마운팅도 하고 입질을 하면서 놀고. 그러다가 다치기도 하고. 신나게 놀고 와서 집안으로 오면 그런 행동을 똑같이 하기도 합니다. 물론 아닌 경우도 있지만요. 애견카페 운동장을 다녀와서 문제행동이 더 심해진 강아지들을 많이 봤기 때문에 말씀드리는 거예요.

그렇다고 문제행동이 심해질까 봐 애견카페 운동장을 가지 말라는 건 아니에요. 키우는 강아지가 사회성이 좋다면, 자주 다녀줄수록 강아지가 행복해지는 건 당연한 거겠죠? 다만, 애견카페나 운동장을 많이 다니면 다닐수록 마냥 좋은 것만은 아니라는 부분을 말씀드리고 싶었습니다. 강아지로서의 본능이 많이 나올 수밖에 없는 오프리쉬(Off Leash) 공간에 많이 다니다 보면, 그로 인해 문제행동이 생기거나, 혹은 있던 문제행동이 더 심해질 수 있다 보니 그만큼 보호자들은 평소에 더 신경을 써서 교육을 해주셔야 합니다.

사회성이 없는 강아지라면 제가 말씀드린 내용을 토대로 보호자가 꼭 노력을 해보시고, 노력했는데도 좋아지지 않으면 그 상태를 그냥 존중해주세요. 다른 강아지들은 그런 공간을 맨날 다닌다고 따라서 똑같이 하지는 말아주세요. 강아지도 하나의 인격체입니다. 다름을 인정하고 나의 반려견의 성향을 존중해주세요.

강아지 슬개골 탈구, 걱정돼요

우리나라 강아지들에게 가장 많이 생기는 슬개골 탈구 예방법에 대해 알아보겠습니다. 이미 슬개골 탈구가 있는 강아지나 아직 괜찮은 강아지 보호자께서도 끝까지 읽어주셨으면 합니다.

대부분 아시겠지만 슬개골 탈구를 간략하게 설명하자면, 뒷다리에만 생기고 무릎뼈가 탈구되는 것을 얘기해요. 슬개골 탈구가 오면 뛸 때 엇박자로 뛰거나 점프하려고 하다가 주저앉는 행동을 해요. 그 단계가 1기에서 4기까지 있는데, 상태에 따라서 걷는 게 힘들 수도 있어요.

슬개골 탈구는 일반적으로 유전적인 요인이 가장 큽니다. 그런데 유전적인 것도 있지만, 평소에 잘못된 행동들 때문에 더 심해지기도 합니다. 어떤 행동인지 대표적으로 몇 가지를 말씀드릴게요.

일단 강아지들이 두 발로 서는 자세예요. 보호자가 퇴근하고 들어오면 반갑다고 방방 뛰면서 앞발을 올리죠? 평상시에 안아달라고 앞발을 올리기도 하고, 간식 달라고 앞발을 올리기도 하고, 사람이 앉아있을 때 무릎에 두 발로 서 있기도 하고…. 이 행동 자체가 뒷다리 관절에 굉장히 무리가 많이 가요.

강아지들이 보호자 무릎에 앞발을 들 때 안아주거나 원하는 것을 절대 들어주지 마세요. 앞발을 든다고 안아주게 되면, 그게 표현방식 습관이 돼버립니다. 앞발을 들 때는 무릎을 올리거나 팔로 밀쳐내서 거부표현을 정확하게 해주시고, 차분하게 앉아있다면 그때 안아주시거나 예뻐해주세요. 이것만 하셔도 큰 도움이 될 거예요.

더 심각한 행동이 있는데, 침대나 소파를 계단 없이 오르락내리락하는

강아지들, 강아지들이 점프할 때 슬개골은 다섯 배 정도의 충격이 더해져 무리가 많이 갑니다. 따라서 소파나 침대를 올라가는 강아지들은 꼭 계단을 이용해서 오르락내리락하게 해주셔야 합니다. 계단 밑에도 매트리스나 담요를 깔아서 미끄러지지 않게 해주셔야 합니다. 그리고 체중입니다. 체중이 많이 나가면 당연히 다리에 무리가 가겠죠? 간식을 많이 주지 말고, 사료만 잘 먹이고 산책을 많이 시켜주세요.

우리나라 집은 대부분 장판으로 되어 있는데, 그게 굉장히 미끄럽습니다. 강아지들이 걸을 때나 뛸 때 많이 미끄러지기도 하지요. 그래서 강아지를 키우는 보호자들은 꼭 집안에 매트를 깔아줘야 합니다. 온 집안에 까는 건 조금 무리일 수도 있으니 강아지들이 생활하는 반경, 거실이라든지 길목에는 꼭 매트를 깔아주셔야 합니다. 그리고 집안에서 흥분하는 놀이나 공던지기 놀이를 하지 말아주세요. 그 미끄러운 바닥을 뛰어다니다 보면 얼마나 불편하겠어요. 집안에서 놀아줄 시간에 차라리 산책을 데리고 나가주시는 게 좋습니다.

강아지 발바닥 관리도 잘 해주셔야 해요. 발털이 길게 되면 양말 신은 것처럼 미끄러지기 때문에 발바닥 미용을 잘 해주셔야 하며, 발톱이 긴 경우 몸을 지탱할 수 없기 때문에 걸을 때 불안정합니다. 그래서 발톱도 잘 깎아주셔야 합니다. 지금 여러분의 강아지 발바닥은 어떤지 한번 봐주세요.

우리나라는 대부분 야외가 아스팔트로 되어 있어요. 강아지들은 아스팔트로 걷게 되면 걸음걸이가 안정적이지 못하기 때문에, 관절이 안 좋거나 슬개골이 있는 강아지들은 아스팔트 바닥보다는 풀숲 흙에서 걷는 게 좋습니다. 풀숲 흙에서 뛰는 것도 좋구요. 산책을 많이 하게 되면 뒷다리 근육이 붙기 때문에 꾸준한 산책을 하게 되면 슬개골 탈구를 예방할 수 있습니다.

강아지가 슬개골이 안 좋다고 영양제를 먹이는 분들이 있는데요. 영양제보다는 앞서 말씀드린 집안 환경을 만들어주셔야 하며, 그다음 앞서 말씀드린 행동교정입니다. 사람 때문에 슬개골 탈구가 더 빨리 올 수도 있으니, 지금부터라도 노력을 해주셔야 합니다. 원래 슬개골 탈구가 많은 견종도 있어서 당연하게 생각하시는 분들이 많은데, 당연한 게 아닙니다. 강아지를 아프게 하고 싶지 않다면, 제가 말씀드린 기본적인 내용을 지켜주시면서 지금부터라도 꼭 슬개골 탈구 예방을 해주세요.

강아지 목욕은 얼마나 자주 해야 할까요?

간혹 냄새 난다고 강아지를 필요 이상으로 자주 씻기는 보호자분들이 계십니다. 어떤 분은 3~4일에 한 번, 어떤 분은 1주일에 한 번. 과연 이게 맞는 걸까요? 사람도 자주 씻으면 피부에 안 좋다고 하잖아요. 목욕을 너무 자주 하게 되면 피부를 보호하고 있는 성분들이 씻겨나가서 오히려 건조감을 유발하고, 각질이라던가 세균에 감염되기 쉬워요. 그래서 목욕을 자주 하는 게 결코 강아지에게 좋은 것만은 아닙니다.

정도의 차이는 있지만, 산책을 시키다 보면 강아지 얼굴과 몸에서 냄새가 정말 많이 나기는 해요. 냄새가 많이 나다 보니까 그것에 민감한 보호자는 그게 싫어서 많이 씻기시더라구요. 그런데 강아지들은 자기가 냄새가 난다고 해서 싫어하지 않아요. 강아지 목욕은 2~4주에 한 번 하는 게 가장 적당합니다. 상태에 따라서 더 자주 해야 하는 강아지도 있고, 더 적게 해야 하는 강아지도 있어요. 내 강아지는 얼마나 해야 하는지 구체적으로 알려면 동물병원에 가서 상담을 받아보시는 게 좋을 것 같아요.

목욕할 때도 강아지들이 싫어하니까 빨리빨리 하고 끝내려고 억지로 시키시는 분들이 많은데, 그렇게 하다 보면 목욕을 더 싫어하게 될 경우가 높으니 수도 있으니, 천천히 여유롭게 간식을 주면서 마사지하듯이 목욕을 시켜주세요. 목욕을 싫어한다면 구석구석 닦아주는 것보다는 불편하지 않게 짧게 하고 끝내주세요. 요즘엔 강아지용 드라이 샴푸 종류도 많으니 매번 물로 목욕하는 것보다는 수건에 드라이 샴푸를 해서 닦아주시는 정도도 좋을 것 같아요.

산책을 매일 하는 강아지라면 발을 물로 닦이는 상황도 많을 거예요. 물로 발을 매번 닦이신다면 잘 말려주셔야 해요. 건조가 제일 중요합니다. 대부분 물로 씻기고 수건으로 대충 닦고 끝내시는 분들이 많은데, 발을 물로 닦이면 그 후에는 꼭 드라이기로 건조를 해주셔야 합니다. 확실하게 말리지 않으면 습진이나 피부염이 생길 수 있어요. 드라이기로 말리면 많이 건조할 테니 발크림 같은 것을 발라주면 훨씬 좋습니다. 그리고 산책 후 발을 닦아줄 때는 매번 물로 닦는 게 아니라 발세정제를 물티슈에 묻혀 닦아주는 게 좋습니다.

물로 맨날 닦으면 피부에 정말 안 좋을 수 있어요. 흰색 털을 가진 강아지들은 물티슈로만 하면 발 쪽 털이 회색이 되어 싫어하시는 분들이 많은데, 강아지들은 자신의 발이 회색이 되든 뽀얀 흰색이든 신경 쓰지 않아요.

강아지들이 스트레스를 덜 받도록 웬만하면 발세정제 티슈로 닦아주시거나, 워터리스와 수건을 이용해서 닦아주셔도 좋습니다. 가끔씩만 물로 닦아주세요.

생수와 수돗물, 정수기 물,
어떤 걸 먹여야 할까요?

"강아지에게 생수와 수돗물, 정수기 물 중 어떤 걸 먹여야 할까요?"

첫 번째로 정수기에 대해 장단점을 알려드리겠습니다.

우선, 정수기에서 나오는 물은 깨끗하고 안전하기 때문에, 당연히 강아지가 먹어도 됩니다. 하지만 정수기 물은 생수나 수돗물에 비해 영양분이 없다는 단점 때문에 다른 식품을 통해 미네랄을 섭취해야 합니다. 그리고 깨끗하게 걸러져서 나오기 때문에 그만큼 쉽게 오염될 수 있어요. 정수기 물을 주고 있다면, 수시로 물을 갈아주는 게 좋습니다.

다음은 수돗물에 대해 말씀드리겠습니다. 우리나라 수돗물은 다른 국가에 비해 매우 안전하고 수질이 좋은 것으로 알려져 있어서, 수돗물을 그대로 먹여도 전혀 상관없습니다. 정수기에는 없는 각종 미네랄 성분들이 있어서 강아지가 먹어도 좋아요. 하지만 수돗물을 주실 때 주의사항이 있습니다.

수도관이 녹슬어 있으면 이물질이 나올 수도 있기 때문에, 약 10초간 물을 흘려보낸 다음에 주는 게 좋습니다. 가끔 수돗물을 끓여서 주시는 분들이 있는데, 끓이게 되면 세균이 잘 번식할 수 있어서 끓이지 않고 바로 주는 게 좋습니다. 그리고 수돗물 자체의 불소나 염소 냄새를 싫어하는 강아지들이 있어서 수돗물을 안 먹는 강아지도 있을 거예요. 이런 강아지에게는 생수나 정수된 물을 주시는 게 좋을 것 같아요.

이제 생수에 대해서 알아보겠습니다. 생수에는 마그네슘과 칼슘 등 미네랄이 정말 많다고 하죠. 그래서 사람이든 강아지든 생수를 많이 먹는 것 같아요. 하지만 플라스틱병에 담겨 있어서 유통과정에 햇빛에 많이 노출되다 보니 쉽게 오염이 될 수도 있다고 해요. 그래서 생수는 항상 서늘한 곳에 두셔야 하며 바로바로 드시는 게 좋습니다. 생수를 많이 먹으면 요로결석이 온다고 하는데, 밥도 안 먹고 물만 몇날 며칠, 몇주 내내 먹지 않는 이상 걸릴 확률은 거의 없다고 해요. 그래도 조심은 하는 게 좋겠죠?

"강아지에게 보리차를 먹여도 되나요?"

이렇게 물어보시는 분들이 있는데요. 결론부터 말하자면 먹여도 됩니다. 먹이는 게 오히려 좋을 수도 있어요. 보리차는 소화, 면역력에 좋고, 피로회복, 혈액순환, 위점막 보호, 몸에 열을 식히는 등의 효과가 있어서 강아지에게 좋습니다. 다만 매번 보리차를 먹이는 것보다는 가끔씩 주는 게 좋아요. 하지만 체질에 따라서 곡물이나 보리에 알러지가 있는 강아지, 배출능력이 떨어지는 강아지에게는 아주 소량만 주시거나 주지 말아야 합니다.

어린 강아지를 처음 분양할 때는 물만 바뀌더라도 설사하는 경우가 있고, 면역력이 약하기 때문에 수돗물보다는 생수를 먹이는 게 좋습니다. 어린 강아지뿐만 아니라 평소에 면역력이 약한 강아지들에게도 생수를 주는 게 좋습니다.

차가운 물을 좋아하는 강아지들이 있는데, 차가운 물을 많이 먹다 보면 소화기관에 문제를 일으켜 복통과 구토, 설사를 하게 될 수 있으니 미지근한 물이 좋습니다. 물을 주고 하루 종일 그냥 둔다면 세균이 잘 번식할 수도 있어서 자주 갈아주셔야 합니다. 물을 갈아줄 때는 물그릇을 꼭 닦아줘야 하고요. 그리고 어린 강아지들에게 물병으로 먹이는 분들이 많은데, 위생에 정말 안 좋고 강아지들이 먹기 힘들어해요. 물병보다는 일반그릇에 급여해주시는 걸 권장드립니다.

이제까지 정수기 물, 수돗물, 생수에 대해서 장단점을 말씀드렸는데요. 이 중에서 어떤 게 가장 좋냐고 여쭤보신다면 제 개인적인 생각은 첫 번째는 생수, 두 번째는 정수기 물, 세 번째는 수돗물입니다.

예전에 저는 수돗물이 가장 좋다고 생각했는데, 몇 년 전인가, 수돗물에 녹슨 물이 나온다고 하는 등 이슈가 된 뒤에는 수돗물이 별로 내키지 않더라구요. 뭔가 찜찜하기도 하고요.

셋 다 먹여도 크게 상관은 없으며, 보호자의 가정환경이나 강아지한테 맞는 걸 주시면 됩니다.

지금 키우는 강아지에게 수돗물을 주고 있었는데, 제가 생수를 추천했다고 해서 굳이 생수로 바꾸실 필요는 없어요. 셋 다 먹여도 크게 상관은 없으니 앞서 말씀드린 장단점을 생각해보시고 주의사항만 참고하시면 좋을 것 같습니다.

Chapter 4

강아지 행동 이해하기

카밍시그널
(calming signal)

카밍시그널이란 쉽게 얘기해서 강아지의 몸짓 언어라고 생각하시면 됩니다. 강아지들은 말을 못하기 때문에 다양한 몸짓으로 표현을 하죠. 실제로 강아지가 사용하는 카밍시그널의 표현은 약 30여 가지가 된다고 하는데, 사람들이 눈치채지 못할 뿐 강아지들은 항상 사람에게 다양한 표현으로 말을 하고 있습니다.

저는 강아지들의 행동을 보고 어떤 말을 하는지 알기도 하지만, 오랫동안 강아지를 봐오다 보니 이제 눈빛만 봐도 알겠더라구요. 일반적으로 많이 하는 강아지의 카밍시그널 몇 가지를 살펴보겠습니다.

1. 꼬리 흔들기

강아지가 꼬리 흔드는 거 많이 보셨죠? 강아지들이 꼬리를 흔드는 건 상황마다 이유가 다 다릅니다. 예를 들어 가족분들이 집으로 들어오면 꼬리를 위로 흔들면서 반기는 경우가 많을 거예요 이건 행복하고 좋아한다는 뜻이겠죠? 하지만 외부 사람이나 다른 강아지를 싫어하는 강아지들도 꼬리를 흔들면서 공격적으로 짖어요. 경계심이나 우월감 표시로도 꼬리를 흔들 수 있습니다. 꼬리를 흔든다고 마냥 좋아하는 거라고 오해하진 마세요. 강아지의 언어는 이렇게 상황마다 이유가 다 다릅니다.

꼬리가 내려가 있을 때가 있어요. 대부분 무서우면 꼬리가 내려간다고 생각하는 분들이 많은데, 편안하거나 안정이 된 상태에서도 꼬리가 내려가 있습니다. 그런데 꼬리가 내려가 있는 게 아니라 뒷다리 안으로 확 접히는 상태는 무서워한다는 뜻이에요. 산책하면서 풀숲 냄새를 맡을 때 꼬리가 내려가 있는 강아지들이 많아요. 이런 친구들은 편안하고 안정되게 산책을 한다고 생각하시면 되는데, 꼬리를 내내 위로 흔들면서 냄새를 맡는 강아지는 흥분하며 산책한다고 생각하시면 됩니다.

우리나라의 강아지들은 대부분 집안에서 꼬리가 쉬지를 않습니다. 항상 흥분해있고 무언가를 하려고 해요. 보통 집안을 놀이터로 생각하는 아이들의 모습입니다.

하지만 제가 봤던 외국 강아지들은 평소에 꼬리가 내려가 있는 경우가 많습니다. 그 이유는 집안을 놀이터가 아니라 편안한 공간, 안정된 공간으로 인식해서 그래요. 예전에 「나 혼자 산다」 예능 다니엘헤니 편에서 그의

골든리트리버는 집안에서 꼬리가 항상 내려가 있고 사람이랑 교감할 때만 꼬리가 올라가면서 살짝 흔들리더라구요. 그리고 다시 내려가요. 저는 그 강아지가 안정돼 보여서 정말 보기 좋았어요.

여러분의 강아지가 집안에서 항상 꼬리가 올라가 있고 흔들고 다닌다면, 집안을 흥분하는 놀이터로 인지했을 가능성이 있습니다. 집은 놀이터가 아니라 쉬는 공간, 안정된 공간이어야 하기에 꼬리가 내려가 있어야 가장 좋다고 생각합니다.

2. 접힌 귀

강아지들은 긴장하거나 무서워할 때 귀를 접어요. 겁이 많은 강아지가 낯선 공간에 간다면 귀를 많이 접고 있을 거예요. 그럴 때는 옆에서 괜찮다고 보듬어주셔야 합니다.

3. 코 핥기

강아지들이 불안함을 느끼거나 긴장할 때 하는 행동이에요. 예를 들어 강아지를 억지로 안으려 하거나 불편한 행동을 했을 때 하기도 하죠. 그리고 자신이 어떻게 해야 할지 모를 때 혹은 민망할 때 하기도 합니다.

4. 하품하기

상대가 흥분했을 때 상대를 진정시키기 위해 하거나, 자신이 스트레스를 받을 때 긴장을 풀기 위해 하기도 합니다. 예를 들어 강아지를 훈육할 때

하품하는 경우가 많을 거예요. 여러분을 무시해서 하품하는 게 아니라 저희한테 진정하라고 하기 위한 거니 더 혼내지 말아주세요. 그리고 하품은 강아지한테도 전달이 잘 돼서 잘 따라 하기도 해요. 강아지가 너무 흥분해 있을 때는 시그널을 못 알아들을 수도 있으니, 차분하게 쉬고 있을 때 옆에서 하품을 해보세요. 정말 신기하게도 따라 할 거예요.

5. 플레이바우

이것도 많이 보셨을 텐데 기지개를 켜는 행동이에요. 강아지가 자다가 일어났을 때 하기도 하고, 갑자기 보호자 앞에서 기지개를 켜기도 하죠. '우리 같이 놀아요'라는 놀이 시작의 언어예요. 그럴 땐 같이 놀아주시면 좋겠죠?

6. 몸을 긁거나 털기

'어떻게 해야 하지?' 궁금하다는 의미가 가장 많은 거 같아요. 또한 스트레스를 받았을 때, 민망할 때 강아지들이 몸을 긁거나 털기도 해요. 예를 들어 계속 앉아있었는데 간식을 안 준다? 그러면 강아지들은 어, 뭐지? 왜 안 주지? 이럴 때 뒷발로 많이 긁기도 해요.

이상 여섯 가지 정도를 말씀드렸는데, 상황마다 이유가 다 다르기 때문에 카밍시그널에 대해서 잘못 알고 계시는 분들이 많은 것 같아요. 인터넷에 나와 있는 정보가 모두 정확한 건 아니니 참고만 해주시는 게 좋을 것 같습니다.

강아지에게 말을 걸어주는 게 좋을까요?

예전에 강아지들은 '개'로 키웠기 때문에 사람과의 교감이 많이 없었던 것 같아요. 그래서 말도 거의 안 걸었구요. 하지만 요즘에는 '반려견'으로 키우면서 사람과 교감하고 말도 많이 합니다. 그렇다면 교감이란 어떤 걸까요?

교감이란 쉽게 생각하면 보호자와 강아지가 서로 행동 하나, 몸짓 하나에 다 알아듣기도 하고, 오래 지내다 보면 굳이 말하지 않아도 알아서 행동하는 것입니다. 신기한 일이죠?

평상시에는 흥분도도 높고 잘 노는 강아지인데, 보호자가 우울한 일이 있거나 힘든 일이 있으면 놀자고 조르지도 않고, 옆에서 조용히 있어 주지요. 그리고 보호자가 화났을 때 혼내는 줄 알고 알아서 숨는 강아지도 있어요. 사람의 감정에 따라 알아서 움직이기도 해요.

방송 같은 데서 보면 가끔 천재견들이 있죠? 30개 이상의 단어를 알아듣고, 보호자가 시키는 대로 다 하는 강아지들이요. 이런 강아지들은 사실 훈련을 통해서는 정말 힘들어요. 보호자와 교감이 되어야만 가능한 일이라고 생각합니다. 따라서 훈련을 떠나서 보호자와 강아지의 관계가 정말 중요합니다.

교감의 첫 번째는 강아지한테 말을 걸어주는 행동이에요. 사람의 행동과 언어에 따라 강아지는 상황판단을 하고 이해하기 때문에, 사람의 말이 굉장히 중요합니다. 사람의 단어를 기억하기보다는 음성의 높낮이로 판단을 하죠. 그래서 이름을 부를 때도 일정한 높낮이로 부르시는 게 가장 좋아요. 일정하게 해주셔야 강아지들이 자기 이름을 잘 알게 됩니다. 그리고 강아지한테 말을 걸어주는 행동을 인위적인 훈련 같은 개념으로 생각하시면 안 됩니다.

우리가 그냥 친구한테 얘기하는 것처럼 강아지한테 조곤조곤 얘기해주세요. 당연히 단어도 모르고 어떤 상황인지도 모르겠지만, 강아지는 말하는 사람의 감정에 대해 기억하기 때문에 좋은 감정인지, 힘든 감정인지는 충분히 알 수 있습니다. 그래서 강아지들한테 말을 걸어주는 게 교감을 하는 첫 번째 단계라고 생각해요. 말을 걸어줄 때도 강아지가 쉬고 있거나 놀고 있을 때, 흥분할 때 하면 잘 못알아 들으니 평상시 차분할 때 해주시면 좋습니다. 말을 걸어줄 때는 눈을 똑바로 보면서 얘기하기보다는, 편안하게 눈을 깜빡깜빡하면서 차분하게 이야기해주세요.

혼자만 알고 있는 비밀이나 고민이 있다면 강아지에게 털어놔 보세요. 혹시 아나요? 보호자가 말하는 어투, 감정들을 강아지도 느끼고 위로해줄지!

    그러나 말을 지나치게 많이 하는 것은 좋지 않습니다. 말을 불필요하게 많이 하게 되면 사람 말소리에 대해 무뎌져서 나중에 보호자의 말에 집중하지 못할 수도 있어요. 항상 적당히가 가장 중요합니다. 편안하게 일상적인 이야기를 많이 해주시거나, 잘했을 때 "옳지, 잘했어!"처럼 좋은 말을 많이 해주시고, 잘못된 행동을 했을 때는 단호하게 "안돼!"라고 해주셔야 합니다. 짖을 때 "안돼!" 이렇게 많이들 하시는데, 그 말의 의미를 강아지가 정확하게 알고 있다면 괜찮지만, "안돼!" 했을 때 전혀 못 알아듣는 강아지에게는 그 말은 무의미합니다.

    여러분의 "안돼!"가 강아지에게는 잔소리라고 느껴질 수도 있어요. 우리

도 부모님이 잔소리하면 짜증 나고 스트레스받잖아요. 오히려 말도 더 안 듣게 되고요. 강아지도 마찬가지입니다. 정말 단호하게 행동을 보여주면서 "안돼" 해주시거나, 아니라면 그냥 무시해주시는 게 가장 좋습니다.

강아지가 말을 할 줄 알면 얼마나 좋을까, 이런 생각 많이 하시죠?

아픈 곳이나 불편한 걸 미리 얘기해주면 정말 좋을 텐데. 하지만 강아지와 어렸을 때부터 꾸준히 말 걸어주고 교감을 해주신다면 왜 그런지 감정으로 알 수도 있어요. 강아지와 교감하고 싶은 분은 '카밍시그널' 검색을 해보시면 강아지의 언어에 대해서 잘 아실 수 있어요. 강아지의 행동을 보면서 강아지가 어떤 생각을 하는지 알 수 있거든요. 잊지 마세요, 강아지는 '말'이 아닌 '행동'으로 말을 하고 있다는 것을요.

강아지는
주인을 닮을까요?

    정말 많은 지역의 강아지와 보호자들을 만났어요. 정말 신기한 게 지역마다 강아지들의 성격과 행동이 다 달랐습니다. 어느 지역은 혼내지도 않고 예뻐만 해줘서 강아지들이 공격성이 훨씬 많았고, 또 어느 지역은 예뻐는 해주지만 훈육할 때는 확실하게 해서 공격성이 적었습니다.

    지역마다 사람의 성향도 조금 다른 것처럼, 강아지도 그 성향을 그대로 닮는 것 같아요. 신기한 게 충청도 지역의 강아지들은 정말 차분한 거 아세요? 느긋느긋~ 제가 방문해도 느긋하게 인사해요. 강아지는 사람을 많이 닮는다고 하잖아요? 지역마다 다른 것도 있지만, 대부분 보호자의 성향에 따라 강아지들의 행동이 달라지는 것 같아요. 강아지의 본래 성향, 성격, 기질도 있지만, 어떻게 키우냐에 따라 정말 많이 달라집니다. 보호자의 성격이 차분하고 조용한 편이라면 강아지도 차분하고, 보호자의 성격이 활발

하고 활동적이라면 강아지도 활발하더라구요. 왜 그런 걸까요?

사실 당연한 게 아닐까요. 강아지들도 교감을 정말 잘하기 때문에 보호자가 하는 평소 습관을 따라 하고 보고 배울 수밖에 없는 거죠. 예를 들어 퇴근 후 보호자가 들어왔을 때 높은 톤으로 아이고~~, 보고 싶었어~~ 이렇게 흥분하면서 인사해주는 보호자가 있는 반면, 잘 있었어? 혼자 있느라 힘들었지? 낮은 톤으로 차분하게 인사를 해주는 보호자가 있습니다. 보호자가 흥분하면 강아지도 같이 흥분하고, 보호자가 차분하면 강아지도 당연히 차분해지는 거겠죠?

인사할 때뿐만 아니라 평소에 놀아줄 때나 평소 집안에서 걸음걸이나 평소 말을 할 때 하는 톤이나 어떻게 하느냐에 따라서 강아지들이 그대로 보고 배우는 거죠. 이제 저는 강아지만 보면 보호자의 성격도 어느 정도 파악할 수 있게 되었습니다. 보호자가 예민한 편이라면 강아지도 예민해져요. 신경질적인 보호자의 강아지도 그대로 신경질적으로 변하구요. 정말 신기하지 않나요?

사회성 부분도 마찬가지예요. 밖에 돌아다니는 걸 좋아하는 보호자들은 강아지도 데리고 나가서 다른 사람들도 많이 만나고 다른 강아지 친구를 만나면서 노는 걸 좋아하는 반면, 집에 있는 걸 좋아하는 보호자들은 강아지도 같이 집에만 있고, 나가봤자 동네산책만 하기 때문에 다른 사람, 다른 강아지를 만날 기회가 현저히 떨어지는 거죠.

이런 식으로 보호자의 성향에 따라서 강아지들이 커나가는 것 같아요. 그런데 강아지를 보호자의 성향에 맞추려고 하는 건 좋지 않은 것 같아요. 활동적인 보호자는 강아지를 많이 데리고 나가고 싶어 하고 다른 강아지 친구들도 많이 사귀고 싶어 하는데, 강아지는 조용한 성향일 수도 있거든요. 우리 강아지는 다른 강아지처럼 놀지 않는다고 속상해하실 수도 있는데, 너무 무리하지는 마세요. 강아지가 큰 스트레스를 받을 수도 있습니다.

만약 조용한 보호자인데 강아지가 활발한 성향이다? 그러면 지금보다 더 많이 데리고 다녀야겠죠? 강아지 성향을 다 맞출 수는 없겠지만, 노력을 많이 해주셔야 합니다. 그리고 신기한 게 외모도 닮는다고 하잖아요? 사람은 자신의 외모랑 닮은 강아지한테 끌린다고 해요. 저도 어렸을 때는 강아지 닮았다는 소리를 못 들었는데, 이 일을 하고부터는 강아지상이라는 얘기를 자주 듣습니다.

아이가 부모를 닮는 것처럼, 강아지도 보호자를 닮을 수밖에 없습니다. 보호자의 행동 하나하나가 강아지의 행동을 만들기 때문에, 아이 하나 키운다 생각하시고 좋은 기억, 좋은 모습을 많이 보여주면서 느끼게끔 지내주셔야 합니다. 규칙 없는 무분별한 애정과 사랑은 무질서한 강아지를 만듭니다.

강아지와
밀당하세요

밀당. 밀고 당기기. 흔히 연애할 때 많이 쓰는 말이죠?

이 책을 보시는 분 중 강아지와 밀당하시는 분은 거의 없을 거예요. 항상 반려견에게 많은 사랑을 주고 있기 때문이지요. 보호자 중 많은 분들이 출퇴근을 해서 강아지와 같이 있는 시간이 적다 보니 출근 전이나 퇴근 후 짧은 시간에 예쁘다고 쓰다듬어주고, 좋은 음식 먹이고, 비싼 옷 입히고, 신상용품 나오면 사주고, 간식도 만들어주곤 합니다. 가끔 강아지로 태어났으면 좋았을 걸 생각이 드네요. 하지만 365일 매번 무한한 사랑으로만 대해주신다면, 강아지는 그 사랑을 당연한 것으로 생각할 수 있습니다. 당연하게 생각한다면 고마움을 모른다는 뜻도 되는 거겠죠? 항상 사랑만 주면 지겨워해요. 한 가정을 예를 들어볼게요.

신혼부부가 강아지를 키우는데, 여성 보호자는 가정주부여서 하루 종일 집안에 있고, 그렇다 보니 강아지를 예뻐해주는 시간이 정말 많습니다. 남성 보호자는 출퇴근을 하다 보니 집에 있는 짧은 시간에만 강아지를 예뻐해줍니다. 그런데 여성 보호자는 강아지가 남편만 좋아한다며 속상하다고 합니다. 자기가 있을 때는 오지도 않고 애교도 안 부리는데, 남편이 퇴근하고 오면 너무 좋아하고 애교도 많다구요. 그런데 당연한 이야기입니다. 우리도 마찬가지잖아요. 항상 보는 사람은 당연하게 생각하고, 오랜만에 보는 사람을 더 좋아하고 관심 있어 하잖아요?

강아지와 하루 종일 같이 있는 보호자라면 밀당을 정말 잘 해주셔야 합니다. 사랑을 많이 주면 당연히 더 좋아할 거라고 생각하시는데, 그렇지 않습니다. 강아지는 과한 사랑을 불편해하며 귀찮게 느낄 수 있습니다. 무엇보다 가장 중요한 보호자의 소중함을 몰라요. 연애할 때도 항상 많은 사랑을 주면 처음에는 나를 너무 좋아하나? 이 사람뿐이야, 라고 생각하지만, 시간이 지나면 지날수록 사랑을 받는 게 당연하고 익숙해지는 것처럼, 강아지들도 똑같이 느낄 수 있습니다.

특히 강아지들은 밀당만 잘하셔도 정말 말을 잘 들을 거예요. 전에는 간식이 있을 때만 말을 잘 들었지만, 이제는 보호자한테 관심과 사랑을 받기 위해 말을 잘 들을 수 있습니다. 그리고 강아지가 쉬고 있을 때는 귀찮게 하지 말아주세요. 사랑을 많이 주는 분들이 대부분 강아지를 귀찮게 하시더라구요.

강아지가 혼자서 쉬고 있으면 가서 만지려 하고 말 걸려고 하고, 괜히 장난감으로 놀아주려고 해요. 어디 아파? 왜 이렇게 우울해 보이지? 라고 하는데요. 이것은 관심이 아니라 집착입니다. 사람도 휴식해야 하는 것처럼, 강아지도 휴식이 필요합니다.

귀찮게 하는 사람일수록 강아지가 더 반기지 않을 겁니다. 하루 24시간 사랑만 주는 보호자라면 때론 무시도 하며 일부러 피하기도 해보세요. 그러면 강아지는 사랑을 받기 위해 먼저 와서 애교도 부리고, 우리가 원하는 행동을 할 거예요. 피하고 무시하는 일이 정말 힘들겠지만, 노력하셔야 합니다.

모두가 밀당을 하라는 건 아니에요. 말도 잘 듣고 문제행동이 없는 강아지라면 굳이 안 해도 되지만, 집안에서나 야외에서 말을 잘 듣지 않거나 문제행동이 있는 강아지라면 밀당이 중요하다고 생각합니다. 밀당만 잘해도 보호자와의 관계가 달라져서 문제행동이 좋아질 수도 있으니, 규칙이 없는 상태에서 무한한 사랑을 주는 게 아니라 규칙이 있는 상태에서 많이 예뻐해 주세요.

강아지가 스트레스받으면 어떤 행동을 할까요?

사람이 스트레스를 받으면 정신적으로나 신체적으로 이상이 있는 것처럼, 강아지도 스트레스를 받으면 정신적, 신체적으로 안 좋아질 수 있기에 관리를 정말 잘 해주셔야 합니다. 스트레스 관리만 잘해도 문제행동이 크게 없고 몸도 건강히 지낼 수 있어요.

강아지를 오랜 시간 교육하면서 만나왔기 때문에 저는 강아지의 행동이나 얼굴, 평소 습관 등을 보면 강아지가 스트레스를 받는지 아닌지 어느 정도 구별이 됩니다. 하지만 보호자들은 자신의 강아지가 스트레스를 받는지 아닌지, 어떤 상태인지 잘 모르는 경우가 생각보다 많습니다. 이 책을 보고 계시는 분들은 지금부터라도 관찰을 잘하셔서, 우리 강아지는 스트레스가 있는지 없는지 혹은 어떤 상황에서 스트레스를 느끼는지 확인을 해보시고, 있다면 해소해주셔야 합니다. 강아지들이 스트레스를 겪는 상황은 대부분

다음과 같습니다.

- 보호자의 외출이 잦을 때
- 혼자 오랜 시간 남겨졌을 때
- 산책을 못 했을 때
- 잠을 못 잤을 때
- 자신을 예뻐해주지 않았을 때
- 항상 놀아주다가 갑자기 놀아주지 않을 때
- 가족들이 집안에서 싸울 때
- 외부소리가 유난히 많이 들릴 때
- 새로운 환경에 처했을 때
- 가족들이 싸울 때
- 혼을 심하게 났을 때
- 싫어하는 걸 억지로 할 때

이처럼 강아지들이 스트레스를 받는 이유는 정말 다양합니다. 아닌 경우도 많지만, 대부분의 보호자들은 강아지들이 스트레스받는 행동을 하고 있어요. 왜냐하면 우리도 일을 해야 하고, 먹고 사느라 힘들잖아요. 바쁘다 보면 강아지한테 신경을 덜 쓸 수밖에 없지요. 하지만 못 해준다고 속상해하지 말고 지금 상황에서 최선을 다해준다면, 그걸로 충분하다고 생각합니다.
강아지가 스트레스를 받았을 때는 다음과 같은 행동을 합니다.

금쪽같은 내 강아지,
어떻게 키울까?

- 식욕이 없다.

- 혀를 지나치게 날름거린다.

- 하품을 계속한다.

- 고개를 돌린다.

- 인형이나 이불 같은 곳에 마운팅을 한다.

- 땅 파는 행동을 반복해서 한다.

- 발바닥 패드에 땀이 많이 난다.

- 앞발을 계속 핥는다.

- 스킨십을 거부한다.

- 배변 실수가 잦아지거나 설사를 한다.

- 자기 꼬리를 물고 뱅글뱅글 돈다.

- 눈이 우울해 보인다.

- 사람이 안 보이는 다른 공간에 혼자 있다.

- 공격성이 심해진다.

정말 많죠? 이거 말고도 더 있어요. 하지만 이중에서 스트레스를 받아서 하는 행동도 있지만, 심심해서 하거나, 몸이 안 좋아서 하는 경우도 있습니다. 특히 스트레스를 받으면 배변 실수를 하는 강아지들이 정말 많습니다. 강아지들은 스트레스를 받으면 무언가 몸으로 표출을 하고 싶어 하고, 내가 어떤 행동을 했을 때 보호자가 관심을 가져줄까 생각하기 때문에 배변 실수를 할 수도 있습니다.

우리 강아지가 스트레스를 받고 있지는 않은지 아침마다 강아지의 상태를 확인해주세요. 아침마다 상태를 확인할 수 있는 간단한 두 가지 방법을 알려드릴게요.

1. 주둥이 쪽과 앞발 확인해보기

강아지는 스트레스받을 때 일반적으로 입 주변을 핥거나 앞발을 핥는데, 이때 강아지의 침이 공기에 닿아 산화가 되며 색이 붉게 변하겠죠? 그렇기 때문에 수시로 확인해보는 것이 좋아요. 스트레스를 받아서 핥는 경우도 있지만, 그 부위가 아파서 핥을 수도 있고, 사람이 버릇처럼 손톱을 깨무는 것처럼 습관적으로 자신의 발을 핥는 강아지도 있습니다.

2. 눈 밑을 확인해보기

아침마다 강아지의 눈 밑 다크서클 정도를 체크하면 반려견의 건강상태와 스트레스 지수를 알 수 있어요. 눈 밑이 유난히 움푹 파이고 검은색이 많으면 스트레스를 받았다는 뜻입니다. 아침마다 이렇게 간단하게라도 확인을 꼭 해주세요.

그렇다면 스트레스가 많은 강아지는 어떻게 해야 할까요? 이제 해소 방법을 알려드릴게요.

1. 산책하기

너무나도 잘 아는 사실이죠? 강아지들이 제일 좋아하고 스트레스가 많이 풀리는 것은 산책입니다. 산책을 많이 나가면 집안에서 스트레스받을 일이 없습니다. 그런데 모든 강아지가 산책을 좋아하는 건 아니에요. 사람으로 비유하자면 A라는 사람은 맨날 밖에 나가서 사람들과 술을 마시며 보내는 걸 좋아하고, B라는 사람은 집안에서 혼자 넷플릭스를 보며 즐기는 사람이죠. 강아지 역시 다 다르기 때문에 성향에 맞는 걸 해주시면 좋습니다.

대부분의 강아지는 산책을 좋아합니다. 산책은 얼마나 자주 나가야 하나구요? 하루 두 번, 20~30분이 기본이라고 생각해요. 더 해주시면 좋고, 하루 두 번이 힘드시다면, 한 번이라도 꼭 해주세요. 하지만 견종에 따라 체중에 따라 시간 횟수가 다르기 때문에, 확인을 해보면 좋을 것 같습니다. 안전한 공간에서 다양한 냄새를 맡게 해주고 같이 뛰기도 하고 공놀이도 하고, 다른 친구들도 만나면 너무나도 좋겠죠?

2. 노즈워크 활동하기

야외에서는 산책을 통해 노즈워크 활동을 하지만, 실내에서는 따로 해줄 수 없기 때문에 실내에서도 다양한 감각을 쓸 수 있도록 노즈워크 활동을 할 수 있는 사료나 간식을 숨겨주는 놀이를 많이 해주시면 좋아요. 노즈워크 전용 담요, 플라스틱으로 된 노즈워크 같은 걸 구매하셔도 좋고, 개인적으로는 노즈워크 전용 담요보다는 사람들이 쓰는 무릎담요나 손수건 등 이런 곳에 묶어서 숨겨주는 걸 선호합니다. 이런 활동을 통해서 여러 감각을 많이 쓰게 되면 긴장 완화에 도움이 많이 됩니다.

3. 스트레스받는 상황을 만들지 않기

강아지마다 스트레스받는 상황들이 다 달라요. A라는 강아지는 보호자한테 애착이 많지 않아서 혼자 쉬는 걸 좋아한다면 혼자 쉬고 있을 때는 괴롭히지 않아야 하고, B라는 강아지는 집안에 혼자 남겨지는 걸 싫어하는데 그렇지 않도록 외출을 최대한 하지 않거나 혼자 있을 때 재미가 있을 수 있도록 놀잇감을 많이 해주고 나가셔야 합니다. 이렇게 다 다르기 때문에 여러분의 강아지가 어떤 상황에서 스트레스를 받는지 잘 확인해주시고, 그런 상황을 만들지 않아야 합니다. 스트레스받는 상황을 만들지 않기! 이 부분이 제일 중요합니다.

4. 독립된 공간 만들어주기

방문교육을 가면 강아지만의 공간이 없는 경우가 많더라구요. 강아지 집이 없어서 여쭤보면 보호자들은 이렇게 말합니다.

"저희 강아지는 방석을 사줘도 안 들어가서 빼버렸어요."

"그럼 강아지는 어디서 쉬는 거예요?"

"제 무릎이요."

"음….'

강아지에게는 독립된 공간이 필요합니다. 쉬는 공간이 사람 무릎이나 사람 옆에 있는 게 아니라 자신만의 공간, 켄넬이나 방석 등을 구입해서 그쪽으로 가도록 유도해주셔야 합니다. 강아지가 쉬는 공간이 사람 무릎이라면 너무 힘들 것 같지 않나요? 무릎에서 쉬고 있는데 사람은 일어나서 왔다 갔다 하고, 그러면 잠이 깨서 졸졸 따라가고, 사람이 앉으면 또 무릎에 와서 쉬다가 움직이면 또 따라다니고…. 충분히 쉴 상황이 아니죠. 강아지에게 독립된 공간, 꼭 만들어주셔야 합니다.

쫓아다니는
강아지
교육방법

5. 아로마스파, 마사지 해주기

요즘 강아지 미용샵에 가면 버블스파나 아로마오일로 된 스파를 전문으로 하는 곳이 많은데, 목욕을 싫어하지 않는 친구라면 가끔씩 가서 몸을 풀어줘도 좋을 것 같아요.

6. 좋아하는 것 주기

예를 들어 간식, 뼈다귀, 장난감, 이런 걸 좋아한다면 주기적으로 구매를 해주셔야 합니다. 우리도 새 옷 사면 좋아하는 것처럼 강아지도 새로운 장난감이나 간식을 좋아합니다.

7. 일정한 놀이시간

항상 보호자와 집안에서 놀이활동을 했는데 갑자기 놀아주지 않게 되면 스트레스를 받을 수 있으니, 일정한 시간에 놀아주시는 게 좋습니다.

지금까지 강아지 스트레스의 원인과 증상, 해소법까지 알려드렸는데, 어렵지 않으셨죠? 사람도 스트레스를 받으며 생활하는 것처럼, 강아지도 살면서 스트레스를 받을 수밖에는 없습니다. 하지만 그런 요인들을 알고 조금만 신경 써주신다면 강아지가 스트레스받지 않고 사람과 함께 건강하고 행복하게 지낼 수 있습니다. 강아지가 건강하게 지낼 수 있도록 조금만 더 노력해주세요.

강아지도
우울증이 있을까요?

사람의 경우, 의사가 환자에게 우울의 빈도와 계기 등을 문진한 후 우울 증이라는 진단을 내리게 됩니다. 강아지는 말을 못하기 때문에 병원에서도 강아지 우울증이라는 진단을 내리진 못합니다. 그래서 강아지는 우울증이 없다고 하는 분들이 많아요. 하지만 강아지들도 사람처럼 육체적인 고통뿐만 아니라 기쁨, 슬픔, 당황, 놀라움, 자부심 등을 느낄 수 있다는 것이 미국 포츠머스 대학의 연구 결과에서 증명되었다고 해요. 이번 단락에서는 강아지 우울증에 대해 살펴보기로 하겠습니다.

우울증의 원인

1. 활동량이 적은 경우

실내에서의 활동이나 야외산책 등 체력적인 소모가 적다면, 당연히 우울 감이 올뿐만 아니라 스트레스를 많이 받을 수도 있습니다. 사람도 종종 그렇잖아요. 게다가 강아지는 활동량이 없으면 문제행동으로 이어질 수도 있습니다. 여러분의 강아지는 어느 정도 활동을 하는지 생각해보시고 노력해 주셔야 합니다. 산책, 꼭 많이 시켜주세요.

2. 환경변화

강아지는 본능적으로 변화에 민감하고, 예민하게 반응합니다. 예를 들어 같이 살던 가족 중 한 명이 다른 곳에서 살게 되거나, 새집으로 이사를 하게 되거나, 갑자기 혼자 있는 시간이 많게 되거나, 불안한 장소에 간다거나, 차를 오래 탄다거나…. 여러 환경적인 요인으로 인해 우울증이 올 수도 있습니다. 그렇기 때문에 성향이 예민한 강아지는 환경변화에 정말 조심해 주셔야 해요.

3. 신체적인 질병

사람도 몸에 이상이 있을 때 정서적으로 우울해지는 것처럼, 강아지도 마찬가지예요. 환경변화에 크게 이상이 없는데 강아지가 기운이 없고 우울한 모습이 지속된다면, 신체적인 질병은 없는지 병원에 가서 체크를 해보셔도 좋을 것 같아요.

4. 보호자의 감정

정말 신기한 게 강아지들은 사람의 감정을 다 알고 있어서 좋을 때나 슬플 때나 우울할 때 옆에서 늘 지켜주죠. 위로를 많이 해줘요. 말은 못 해도 보호자의 감정을 강아지들은 다 알고 있어요. 보호자의 기분이 좋지 않을 때 강아지도 같이 우울한 감정을 느낄 수 있고, 가족이 싸우거나 불화가 있을 때도 그대로 느낄 수 있기 때문에 조심하셔야 합니다. 아이 앞에서 어른들이 싸우면 안 되는 것처럼, 강아지 앞에서도 싸우지 않는 게 좋습니다.

5. 분리불안

보호자한테 애착이 많은 강아지 기준으로 혼자 오랜 시간 있다면, 그 시간이 정말 우울해질 수가 있어요. 만약 강아지가 혼자 오랜 시간 있어야 한다면 독립심을 길러주시는 게 중요합니다. 강아지가 혼자 오랜 시간 있었다고 같이 있는 시간에 더 많은 애정을 주시는 경우가 많은데, 잘못된 경우 보호자에 대한 과한 애착으로 보호자가 없는 시간에 강아지는 더 힘들어하게 될 수도 있습니다.

그렇다고 산책도 안 시키고 무심하게 대하라는 게 아니라, 실내에서 애착을 줄여주시고 야외에서 활동을 많이 해주라는 뜻입니다. 분리불안으로 인해 우울증이 오는 경우가 정말 많아요. 그러니 지금부터라도 분리불안 예방교육은 꼭 해주셔야 합니다.

6. 보호자의 일관성 없는 태도

보호자가 평소에는 산책도 많이 시키고 집안에서 많이 놀아줬는데, 하는 일이 바쁘다고 집안에서 놀아주지도 못하고 산책도 못한다면, 강아지 입장에서는 당연히 무료한 삶이 되겠죠? 그래서 일관성 있게 대해주시는 게 가장 중요합니다. 만약 보호자가 밖에서 스트레스받는 일을 겪었더라도 집안에서 강아지한테 짜증을 부리지 말고 좋은 생각, 좋은 행동과 마음을 전해주세요.

7. 부적절한 교육과 훈육

큰소리를 치거나 애매하게 야단을 치면 강아지들이 스트레스를 받을 수 있습니다. 아니 갑자기 나한테 왜 그래, 이러면서요. 칭찬식 교육을 한다면

우울해 …

금쪽같은 내 강아지,
어떻게 키울까?

큰 스트레스를 받을 일은 없지만, '안돼'라는 훈육을 하고 계신다면, 강아지가 인식할 수 있도록 올바르게 인식시켜주셔야 합니다.

사람도 부모님이 잔소리를 하면 스트레스를 받는 것처럼, 강아지들도 그렇게 느낄 수 있겠죠? 훈육을 하지 말라는 분도 있는데, 제 개인적인 생각을 말씀드리면 그건 강아지들마다 다르며 훈육이 필요한 강아지도 있습니다. 훈육을 하는 교육을 한다면 그 과정에서 스트레스를 받을 수도 있겠지만, '아, 이렇게 하면 안 되는구나.'라고 생각하고 이해하면 그때부터는 스트레스를 받지 않을 수 있습니다. 칭찬식 교육도 며칠 하다가 포기하시는 분들이 많은데, 그러면 강아지들은 혼란이 올 수도 있기에 오랜 시간 꾸준히 교육을 해주셔야 합니다.

우울증의 증상

1. 전에 좋아하던 것을 좋아하지 않게 된다

보호자가 퇴근 후 들어가면 정말 반기고 좋아했는데, 이제는 반응이 크게 없는 거죠. 그리고 집안에서 장난감으로 잘 놀거나 산책 나갈 때 정말 좋아했는데, 예전과는 다르게 즐기지 못해요. 생각만 해도 너무 슬픈 상황이죠?

2. 기운이 없어진다

평소에 집안에서 활기찼던 강아지가 무기력한 모습으로 하루 종일 잠만 잔다면 의심해볼 수 있어요. 하지만 우울증으로 인해 그러는 게 아니라 정말 피곤해서 쉬거나, 더위를 먹어서 그럴 수도 있습니다.

3. 자신의 손발을 깨물거나 핥는다

평소에 불안하고 긴장된 상태에서 스스로 안정을 찾기 위해 자신의 신체, 손이나 발을 심하게 물거나 핥을 수 있습니다. 하지만 이 경우는 우울증보다는 습관성으로 하는 경우가 많습니다.

4. 식욕이 변한다

원래 식욕이 많은 강아지였는데, 어느 순간부터 식욕이 없어지고 체중이 감소할 수 있습니다. 질병이나 질환이 생겨서 식욕에 영향을 준 상황이 아니라면 우울증상일 수도 있습니다. 이럴 땐 사료를 바꿔보시거나 맛있는 영양식 음식을 만들어서 줘보셔도 좋을 것 같아요. 여름철에 더위를 먹으면 이 증상이 비슷하게 나올 수도 있으니 참고해주시면 좋을 것 같아요.

5. 강박장애 행위

스트레스로 인해 의미 없는 행동을 계속하거나 같은 행동을 반복할 때가 있습니다. 예를 들어 발을 많이 핥거나, 자기 꼬리를 물면서 계속 돌거나, 정형행동을 하거나, 어딘가를 계속 물거나, 자신의 신체를 자해하기도 합니다. 이러한 행동으로 인해 강아지 우울증이 생기기도 합니다.

 강아지의 우울증을 한마디로 단정 지어 말씀드리기가 어려워서 여러 원인과 증상을 열거해봤습니다. 그럼 우울증이 있다면 어떻게 극복해야 할까요?

 제가 처음에 언급했던 원인을 먼저 생각해보시고, 그 원인에 맞는 해결책을 보호자가 실천해주시면 됩니다. 보호자 가족 간의 불화는 없는지, 산책을 못나간 건 아닌지, 분리불안이 있는 건지, 하나하나 원인을 파악해보시고 꼭 해결해주세요. 원인을 해결해주지 못하면 큰 아픔으로 이어질 수가 있습니다.

 사람은 힘들면 힘들다고 이야기를 하면 되지만, 강아지는 말을 할 수 없습니다. 따라서 정말 강아지를 사랑하고 아낀다면 내가 강아지라면 어떨까? 강아지 입장이 되어도 보고 생각을 해보시면, 해결방안이 나올 거라고 생각합니다.

강아지가 발을 핥는
이유와 대처법

강아지가 발을 핥는 이유와 대처법에 대해서 알아보도록 하겠습니다.

강아지가 핥는 이유는 수십 가지의 이유가 있지만, 대표적으로 몇 가지만 알려드릴게요.

일단은 크게 세 가지로 심리적 요인, 물리적 요인, 피부질환으로 나눌 수 있는데요. 저는 수의사가 아니니 행동학적인 심리적 요인으로 다가가겠습니다.

심리적인 요인은 대부분 집안 환경이 갑자기 변했을 때, 분리불안증이 있을 때, 그리고 우울증이나 스트레스를 받을 때, 스스로 진정시키기 위해 핥는 행동을 할 수 있습니다. 제가 교육했던 강아지들은 일반적으로 보호자에게 애착이 심해서 예뻐해주지 않을 경우, 불안감과 외로움을 해소하기 위해 핥는 경우가 많았어요. 예뻐해주지 않으면 혼자 자기 방석에 가서 핥는 거죠.

이렇게 심리적으로 힘든 이유도 있지만, 관심을 받기 위해 핥기도 합니다. 제가 만났던 강아지들은 관심을 받기 위해 하는 경우도 많았어요. 핥으면 보호자들이 "안돼! 하지 마!"라고 말하겠죠? 애착이 심한 강아지들은 "안돼! 하지 마!"라고 하는 것조차도 관심이라고 생각을 하게 돼서 보호자가 자신한테 관심을 가져주지 않을 때 일부러 핥기도 합니다. 이런 걸 보면 강아지는 머리가 참 좋은 것 같아요.

관심을 끌기 위해 핥는 강아지들에게 가장 효과적인 교육방법은, 발을 핥고 있을 때 보호자가 방안으로 들어가서 문을 닫는 거예요. 그럼 강아지는 깜짝 놀라서 방앞으로 오겠죠? 이런 식으로 반복학습을 하다 보면 어? 내가 핥으면 보호자가 나를 혼자 냅두네? 라고 생각을 해서 완화될 수 있습니다. 말로 혼내는 것보다 더 좋은 방법이에요. 만약 강아지가 아파서 핥는 건지, 관심을 끌기 위해 핥는 건지 알아보려면 방안에 문 닫고 들어가 보세요. 방안으로 들어 왔는데도 따라오지 않고 계속 핥고 있다면, 정신적인 요인이나 피부질환일 가능성이 많습니다. 피부질환이 있다면 꼭 병원에 가서서 치료를 받아야 합니다.

그냥 습관적으로 핥는 강아지도 많아요. 어렸을 때 피부질환으로 인해 불편해서 핥는 행동을 했는데, 자주 하다 보니 습관이 된 경우죠. 사람도 습관적으로 손톱을 물어뜯는 사람이 있잖아요. 이처럼 아무 이상이 없는데도 버릇처럼 핥는 강아지도 있습니다.

또한 육체적인 스트레스를 해소하지 못해 그렇기도 해요. 산책을 못하면 스트레스가 많아지겠죠? 그러면 스트레스 호르몬을 낮추기 위해 해소하려고 합니다. 그래서 집안에서 놀아주는 행동이 없다거나 산책을 많이 못시킨다면, 육체적인 활동을 해서 요인을 없애주셔야 합니다.

알러지일 경우도 많습니다. 음식이나 환경알러지, 특정 음식이나 간식을 먹고 나서 몸을 많이 긁거나 발을 핥는다면, 알러지일 가능성이 많습니다. 그런 경우 꼭 병원에 데려가 주셔야 합니다

그리고 산책 후에 발을 핥는 강아지들이 많은데, 산책할 때 유의사항 몇 가지를 알려드릴게요.

산책 이후에 발을 잘 말려주지 않는다면, 발패드 사이에 습진이 생겨서 핥을 수도 있어요. 그래서 드라이어 같은 걸로 잘 말려주세요. 그런데 마르면 또 건조해지겠죠? 그러면 그 부위가 가려울 수도 있으니 말린 후 발크

무기력…

림을 잘 발라 주시면 좋아요. 그리고 산책 이후에 벼룩과 진드기들이 발패드 사이에 들어가서 가려움을 유발할 수 있으니, 평소에 구충제도 잘 챙겨주셔야 합니다. 산책 중 가시나 이물질들이 박혀서 가려워서 핥는 경우도 있어요. 따라서 산책 후 발을 닦아주면서 잘 살펴보셔야 합니다.

강아지가 발을 핥을 때 그냥 무관심하게 둔다면, 안 좋은 습관으로 될 수도 있습니다. 너무 심한 강아지들은 넥카라를 씌워서 당분간은 핥지 못하게 해주세요. 강아지가 발을 많이 핥아서 병원에 갔더니 이상이 없다고 하면 대부분 행동학적인 심리적인 요인이 많으니, 제가 앞서 말씀드렸던 내용을 토대로 해결해주시면 좋을 것 같습니다.

Chapter 5

강아지 문제행동 예방

주도권 잡기

혹시 「금쪽같은 내 새끼」 보시나요? 예전에 「우리 아이가 달라졌어요」라는 프로그램도 봤는데, 저는 오은영 박사님의 프로그램을 즐겨 보는 편인데요. 제가 이 프로그램을 즐겨 보는 이유는 강아지 교육과도 연관이 많아서입니다.

강아지의 지능은 사람 나이로 치면 3~5살 정도라고 하는데, 「금쪽같은 내 새끼」에 나오는 아이들이 그 행동을 하는 원인이나 솔루션을 보면 제가 방문교육을 가서 하는 내용과 많이 비슷합니다. 강아지와 사람은 태어났을 때 자기만의 기질이 있는 거고, 그에 맞게끔 보호자가 행동을 해줘야 하는데, 잘 모르다 보니 보호자의 잘못된 행동으로 인해 아이들은 점점 증상이 심해지게 됩니다.

사람과 강아지 교육에서 가장 중요한 첫 번째는 주도권을 먼저 잡아야

금쪽같은 내 강아지,
어떻게 키울까?

한다는 것입니다. 문제행동의 시작은 대부분 보호자가 주도권을 뺏기다 보니 심해지는 것 같아요. 뭐든지 자기 마음대로 하고 싶어 하고, 뜻대로 되지 않으면 짖기도 하고, 집안을 어지럽히기도 하고, 배변 실수를 하고, 사람을 물기도 하고…. 이런 식으로 표현을 많이 하게 되는 거죠.

그런데 정작 보호자들은 강아지한테 주도권을 뺏기고 있는지 모르는 경우가 많습니다. 실내에서 문제행동이 어느 정도 있는 강아지라면, 대부분 주도권을 뺏기고 있을 가능성이 많습니다. 주도권을 잡고 생활해야 강아지가 보호자를 친구로 생각하지 않고, 나를 지켜줄 수 있는 존재 즉, '보호자'라고 생각할 수 있습니다. 주도권만 제대로 가지고 있어도 예방이 되는 문제행동들이 많습니다.

강아지한테 빼앗긴 주도권, 다시 잡아 오는 방법을 알려드리겠습니다.

1. 규칙 정하기

집안에서 규칙 없이 지내시는 분들이 정말 많습니다. 제가 말하는 규칙은 강아지를 무조건 통제하라는 게 아니라 규칙을 잘 지키면 그때 보상을 해주라는 이야기입니다. 제일 기본적인 규칙은 보호자 무릎, 품에는 허락이 있을 때만 오기입니다. 무릎에 올라오려고 하면 팔로 살짝 막거나, 확 일어서기, 아니면 올라오려고 할 때 앉아! 기다려! 를 시키고, 잘 기다리면 그때 올라오게 해서 마음대로 올라오지 않게 해주셔야 합니다. 사람이 소파나 의자에 앉았을 때도 안아달라고 하거나 앞발을 드는 강아지들도 이런식으로 해주셔야 합니다. 즉, 강아지가 원할 때 허용이 되는 것이 아니라 보호자가 허용해줄 때 강아지가 원하는 것을 얻을 수 있게 하는 것이고, 그 규칙을 강아지가 알 수 있도록 보호자가 주도적으로 알려주셔야 합니다.

3. 말 잘 들었을 때만 만져주기

평소에 그냥 아무 이유 없이 만져주시는 분들이 많은데요. 물론 너무 예쁘고 사랑스럽지만, 사람이 만져주는 걸 당연하게 생각하면 안 됩니다. 무엇보다 주도권을 가져야 하잖아요. 평소에 절대 만져주지 않고 말을 잘 들었을 때만 만져주면서 "옳지" "잘했어" 해주셔야 합니다. 평소에 이유 없이 계속 예뻐해주고 만져주기보다는, 강아지가 보호자의 말을 잘 들었을 때 보상의 개념으로 만져주면서 칭찬해주시면 같은 스킨십이라도 교육적 효과까지 얻을 수 있습니다.

혹은 싫어하는 행동을 잘 참고 잘했을 때, 밥을 잘 먹을 때, 하우스에 쉬고 있을 때, 산책줄을 잘했을 때, 빗질을 잘했을 때, 보호자 무릎에 올라오지 않았을 때, 사람이 밥을 먹을 때 등 말을 잘 들었을 때…. 이렇게 말을 잘 들었을 때만 만져주세요. 평소에 만져주지 않고 잘했을 때만 만져준다면 보호자의 스킨십 자체가 강아지에게는 큰 보상이 될 수 있습니다.

3. 원하는 행동 바로 들어주지 않기

보호자가 쉬고 있는데 만져 달라고 앞에 와서 발을 내밀어요. 그러면 보호자는 "오구오구~" 하면서 예뻐해주시겠죠? 이렇게 하시면 절대 안 됩니다. 강아지가 만져달라고 할 때 바로 만져주는 게 아니라 무시하거나 살짝

밀치거나 앉아, 엎드려, 기다려, 말한 후 잘 기다리면 그때 만져주세요.

　예를 들어 강아지가 공을 물고 와서 던져달라고 해요. 그때 던져줄 것이 아니라 잠시 무시하거나 자리를 피해야 합니다. 그다음 10분 뒤 잘 기다리면, 그때 먼저 던져주면 됩니다. 이런 식으로 집안에서 놀이를 하려면 강아지가 먼저 시작하는 게 아니라, 보호자가 먼저 시작하고 보호자가 먼저 끝내주셔야 해요. 간식을 달라고 낑낑거리거나 짖는다면 앉아! 기다려! 안 돼! 등 먼저 진정시켜주시고, 그다음 포기하고 잘 기다린다면 그때 간식을 주면 됩니다. 평소에 강아지들을 보면 먼저 원하는 행동을 많이 해줄 거예요. 그때마다 들어주지 말고 거부표현을 하거나 무시한 후, 그다음 보호자가 강아지가 원하는 행동을 해주시면 됩니다.

4. 훈육은 단호하게

훈육이 정말 어렵긴 합니다. 어린 강아지라면 '안돼' 인식을 시키는 게 그리 어렵진 않지만, 성견은 인식시키기가 정말 힘듭니다. 오히려 성견을 훈육하려고 하면 강한 반발을 할 수도 있죠. 대들지도 모릅니다. 으르렁거리거나 온 집안을 뛰어다니면서 짖는 친구들도 있어요. 그래서 어렸을 때부터 '안돼' 인식을 시켜주는 일이 중요합니다.

예를 들어 외부소리에 짖는 강아지예요. 블로킹3)을 하면서 "안돼"를 하면 더 심하게 짖는 친구들이 있습니다. 이런 친구들은 '안돼'라고 인식을 하는 게 아니라 '내가 하고 싶은 대로 할 건데 왜 뭐라 그래!'라고 알아들을 확률이 큽니다. 그러니까 짜증 내는 거예요. "안돼" 했을 때 말을 듣지 않는다면, 더 확실하고 단호하게 해주셔야 합니다. 흥분이 심할 때만 안돼를 하는 게 아니라 평소에도 알려주시는 게 중요합니다.

이상 주도권 잡기에 대해서 말씀을 드렸는데, 이 외에도 생활 속에서 신경 써주셔야 할 부분들은 많습니다. 하지만 이렇게 네 가지 방법만이라도 보호자가 꾸준히 해주신다면 주도권을 다시 찾아오실 수 있을 거라고 생각해요. 문제가 전혀 없는 강아지라면 굳이 이 방법을 쓰지 않으셔도 되지만, 실내에서나 야외에서 보호자의 말을 잘 듣지 않고 문제행동이 많은 친구라면, 꼭 주도권을 잡고 생활해주세요. 여러분은 강아지의 친구가 아니라 보호자입니다.

---

3) blocking. 강아지 앞을 막으면서 불편하게끔 끼어드는 행동

분리불안증
예방하기

　분리불안증으로 인해 방문교육 신청을 하는 분이 많습니다. 분리불안증은 일반적으로 혼자 남겨졌을 때 짖음, 하울링, 배변 실수, 집안 어지럽히기 등 여러 문제행동을 유발합니다.

　예방 방법이 왜 필요하냐구요?

　지금은 혼자 잘 있어도 언젠가 생길 수 있는 고질병 같은 문제행동이 분리불안증입니다.

　예를 들어 지금 집에서는 잘 있지만, 이사라도 가게 된다면 이사 후 분리불안이 생길 수도 있고, 코로나 때문에 재택근무를 하는 분이 많은데, 하루 종일 보호자랑 같이 집에 있다가 갑자기 출근을 하게 되면 어? 갑자기 왜 나가? 이러면서 분리불안증이 생기는 거죠. 이런 식으로 언제든 생길 수 있으니 분리불안증은 미리미리 예방해야 합니다.

1. 보호자는 매일 나갔다 돌아온다는 인식을 시켜주세요

재택근무를 해서 집안에 종일 계시더라도 30분이나 1시간 이상은 꼭 나갔다 오시기를 권장드려요.

앞서 얘기한 것처럼 집에 내내 있다가 갑자기 출근하게 되면 강아지는 어? 갑자기 왜 나가? 원래 안 나갔잖아! 하며 갑작스런 보호자의 패턴 변화에 적응하지 못하고 불안해질 수 있거든요. 그래서 분리불안 증상이 크게 없을 때 자연스럽게 외출 연습을 해주시면 좋습니다.

또한 평일에만 출근하고 주말에 쉬는 가정이 많지요. 평일에 하루 종일 강아지가 혼자 있다고 미안해서 주말 이틀은 내내 붙어계시는 분이 많은데, 그러다 갑자기 주말에 강아지를 혼자 두고 나간다면 분리불안증이 생길 수가 있어요. 강아지들이 생각보다 영리해서 평일에 출근하는 건 이해하는데, 주말에 나가는 건 이해를 못하는 친구들이 생각보다 많습니다.

평일 오전 출근할 때는 혼자 잘 있는데, 출근하는 시간이 아닌 평일 저녁이나 주말에 나가면 많이 힘들어해요. 만일 평일 저녁이나 주말에도 많이 나가야 한다면, 지금부터는 약속이 없어도 일부러 나갔다 오세요. 그런데 늘 혼자 두면 강아지가 너무 울적해할 수 있으니 평일 저녁에는 웬만하면 같이 지내고, 주말에 한두 시간이라도 나갔다 오는 연습을 하는 게 좋을 것 같습니다.

2. 너무 오냐오냐 키우지 마세요

지금은 분리불안증이 없다고, 혼자 잘 있다고 하루 종일 껴안고 예뻐해주고, 계속 품에 안고 있으려는 행동은 언제든 분리불안증을 유발할 수 있어요. 물론 사람의 품에 같이 있을 때도 있지만, 혼자만의 공간, 혼자 노는 것의 즐거움도 알려주셔야 해요. 허구한 날 사람 곁에만 있으려고 한다면 거부표현도 해주셔야 하며, 종일 예뻐해주지는 마세요. 너무 많은 사랑은 독이 될 수 있습니다. 만약 보호자님이 평생 강아지와 함께 집안에 있고 항상 데리고 나갈 수 있다면, 종일 예뻐해주며 지내도 되지만 그런 여건이 되시는 분들은 실질적으로 많지 않으니까요.

3. 이사 후에는 하우스 교육이나 혼자 놀 수 있는 교육을 해주세요

이사를 하게 되면 강아지도 적응할 시간이 필요해요. 일반적으로 1~2주 정도의 시간이 지나면 자연스럽게 좋아지기도 하지만, 그렇지 않은 경우에는 없던 분리불안이 생기거나, 기존의 분리불안 증상이 더 심해지기도 합니다. 왜 그럴까요? 이사를 하면 낯선 공간이기 때문에 불안하겠죠? 불안한 상태로 보호자에게 의지를 많이 하게 되면 애착이 많이 붙게 되고, 그래서 혼자 못 있는 경우가 많아요. 그래서 이사 후에 강아지가 보호자 옆에서 계속 의지하고 기댄다면, 자신만의 공간으로 계속 유도를 해주세요. 예를 들어 하우스 교육을 시켜주거나, 장난감이나 노즈워크로 혼자 놀 수 있도록이요. 보호자 옆에 오면 살짝 거부표현을 해서 혼자 적응할 수 있게끔 도와주세요. 그리고 며칠이 지난 다음에 조금씩 짧게 외출 연습을 해주시면 좋습니다. 이사 후 너무 오랜 시간을 혼자 있게 된다면 많이 불안할 수도 있으니, 시간을 조금씩 늘려주는 게 좋습니다. 가장 중요한 것은 산책입니

다. 산책을 많이 나가게 되면 힘들어서 혼자 있을 때 불안해하지 않고 잠을
푹 잘 수가 있어요.

이렇게 기본적인 것만 잘 지켜주셔도 이사 후 혼자 있게 되는 환경에도
잘 적응하고, 분리불안증이 없는 강아지로 키우실 수 있습니다. 그리고 강
아지가 혼자 있을 때 짖지 않고 하울링을 안 한다고 분리불안증이 없다고
착각하는 분이 많은데요. 문제행동을 하지 않아도 우리나라의 대부분 강아
지는 분리불안증이 있습니다.

혼자 있을 때 문 앞에서 보호자를 기다리거나, 눈물을 흘리거나, 벽지를
물어뜯거나, 집안을 파헤쳐 놓는 강아지들이 많습니다. 강아지가 혼자 8시
간 있으면 기분이 어떨 것 같나요? 생각해보신 적 있나요? 사람한테 애착
이 많은 강아지일수록, 혼자 있는 시간이 많이 힘들 거라고 생각합니다. 정
말 미안하다면 분리불안 예방교육을 꼭 해주시고, 지금이라도 산책 한 번
더 시켜주세요.

금쪽같은 내 강아지,
어떻게 키울까?

침대에서 강아지랑 같이 자도 될까요?

"선생님, 강아지랑 침대에서 같이 자고 싶은데, 괜찮을까요?"

이 부분에 대해 결론부터 말씀드리자면 강아지와 침대에서 같이 자도 상관은 없지만, 문제행동이 생기거나 위험한 상황이 생길 수도 있습니다. 그래서 저는 같이 자는 걸 추천하지 않습니다. 강아지와 같이 자게 되면 어떤 문제행동이 생길 수 있는지, 어떤 점에서 안 좋은지 세 가지 이유를 말씀드리겠습니다.

1. 분리불안증이 생길 수 있다

침대에서 같이 자게 되면 가장 걱정하는 부분이죠. 보호자가 출근하면 강아지는 혼자 잠을 자게 됩니다. 그런데 맨날 침대에서 같이 자던 보호자가 없어졌기 때문에, 당연히 허전하고 쓸쓸하겠죠? 처음부터 혼자 자던 강아지라면 혼자 남겨졌을 때도 당연하게 받아들이겠지만, 저녁에는 같이 자고 낮에는 혼자 자게 되면 공허함이 심해질 수도 있습니다.

사람과 강아지가 옆에서 붙어서 자는 게 생각보다 애착이 많이 붙을 수 있어요. 만약 혼자 오랜 시간 남겨져 있는 강아지라면, 침대 분리를 하는 게 더 나을 수도 있어요. 침대에서 같이 잔다면 지금은 괜찮을지는 몰라도, 언젠간 이 때문에 분리불안증이 생길 가능성이 있습니다. 분리불안증은 보호자와의 믿음, 신뢰가 중요해서 잠자리와 크게 상관없기도 하지만, 나중에 잠자리로 인해 기본적인 보호자와의 관계가 틀어지면 분리불안이 시작될 수도 있습니다.

강아지와 침대에서 같이 자는 분들은 이 부분을 주의 깊게 읽어주세요.

금쪽같은 내 강아지,
어떻게 키울까?

강아지가 혼자 남겨져 있을 때 침대 위에서 배변 실수를 하고, 방안을 어지럽힌다고 외출할 때 침대가 있는 방문을 닫고 나가는 분들이 있는데, 절대 그렇게 하면 안 됩니다. 이건 이기적인 행동이에요. 강아지 자신이 가장 편안하고 안전하게 자는 공간이 방안 침대인데, 보호자가 외출하고 방문이 닫혀있으면 강아지들은 혼자 남겨졌을 때 쉴 공간이 없어져서 불안해할 수 있습니다. 보호자가 외출했을 때 방안을 어지럽히고 침대에 배변 실수를 하는 강아지라면, 문을 닫고 나갈 게 아니라 교육을 해주셔야 합니다.

사람이 평소에 주로 지내는 공간은 방이 아닌 거실인데, 보호자가 거실에 있게 되면 강아지들은 굳이 방안 침대에 들어가서 쉬지 않고 보호자 품이나 소파, 이런 애매한 공간에서 쉬게 될 수도 있습니다. 쉬는 공간, 잠자는 공간이 따로 있는 게 아니라 한 공간에서만 쉬고 잠을 자는 게 가장 좋습니다. 그래야 훨씬 안정감 있게 생활할 수가 있습니다.

켄넬교육을 해주시면 평소에 거실에서 쉴 때도 자신만의 공간 켄넬에서 쉴 거고, 보호자가 잠을 잘 때에도 자신만의 켄넬에서 잘 수 있습니다. 강아지들은 본능적으로 독립된 공간을 좋아하기 때문에, 자신만의 공간을 만들어주는 게 중요합니다. 그리고 분리불안증을 고치려고 먼저 침대 분리부터 하는 분들이 많은데, 침대 분리를 하는 것보다 선행되어야 할 부분은 평소에 따라오지 못하게, 거실에 혼자 있는 연습 등 평소 분리부터 해주시는 게 중요합니다.

2. 예민해져서 공격성이 생길 수 있다

강아지들은 보호자들이 생각하는 것보다 잠자리에 예민합니다. 우리도 저녁에 잠을 제대로 못 자면 다음 날 컨디션이 안 좋고 예민해지는 것처럼 강아지도 마찬가지입니다. 사람과 침대에서 같이 자는 강아지는 과연 편하게 잘 수 있을까요? 한번 생각해보세요. 어떤 보호자는 잠버릇이 심해서 계속 움직이며 뒤척일 수도 있고, 어떤 보호자는 목각인형처럼 움직이지 않고 잘 수 있어요. 그런데 밤새도록 목각인형처럼 똑같은 자세로 자는 사람은 많이 없지 않을까요?

대부분의 강아지는 침대 위에서 사람 옆에 기대고 자는 걸 좋아합니다. 하지만 보호자가 새벽에 뒤척이면 강아지들은 잠자리에서 깰 수밖에 없고, 보호자의 잠버릇이 심하면 사람의 몸이나 발에 강아지가 눌릴 수도 있고, 깜짝 놀라서 낑낑거릴 수도 있습니다. 이런 일이 지속되다 보면 강아지들은 예민해집니다. 사람이 뒤척이면 처음에는 놀라서 다른 공간으로 이동해서 자겠지만, 나중에는 보호자가 뒤척일 때 으르렁거릴 수도, 무는 행동을 할 수도 있습니다. 보호자의 잠버릇 때문에 침대 끝에서 자는 강아지들도 있어요. 이런 강아지라면 큰 문제가 되지 않겠지만, 사람 옆에 바짝 붙어서 자는 걸 좋아하는 강아지가 많기 때문에 정말 조심해주셔야 합니다.

3. 관절에 무리가 갈 수 있다

이것은 문제행동이라기보다는 조심해야 할 부분인데요. 강아지들이 침대를 오르락내리락할 때 생각보다 관절에 무리가 많이 갑니다. 그래서 강아지 계단을 쓰는 분들이 있는데, 강아지들은 침대 계단을 천천히 오르락 내리락하는 게 아니라 대부분 뛰어서 올라가고 뛰어서 내려가기 때문에 관절에 많은 무리가 갑니다. 침대 계단을 천천히 오르고 천천히 내려가게 끔 하는 연습을 해주셔야 합니다. 그리고 침대가 낮다고 계단을 쓰지 않고 강아지들이 뛰어 올라가는 걸 냅두는 분들이 많은데요. 낮은 침대라도 꼭 써주셔야 하고, 계단이 있더라도 쓰지 않는 강아지들은 연습을 통해서라도 꼭 쓰게끔 해주셔야 합니다.

침대에서 같이 자는 건 보호자의 자유지만, 강아지들이 푹 쉴 수 있는 장소를 만들어주셔야 하고, 문제행동 예방, 위험한 상황이 있을 수도 있기 때문에 따로 자는 게 낫다고 생각합니다. 이 점 유의하셔서 현 상황에 맞는 선택을 해주세요.

소파 위에
올라오게 해도 될까요?

방문교육을 가서 보면 소파 위에서 생활하는 강아지들이 많더라구요. 자기 집인 것처럼 거기서 잠도 자도 쉬기도 하고, 보호자가 소파 위에 있으면 옆에서 같이 있기도 하고, 또 소파 위에서 짖기도 하고…. 소파 위 사람이 앉는 공간에서 쉬는 게 아니라 아예 등받이 쪽에 올라가서 있는 강아지도 있었어요. 과연 소파에서 강아지가 잘 쉴 수 있을까요? 소파에 사람들이 계속 앉았다가 일어나고 왔다 갔다 하면, 강아지들은 휴식을 취할 수 없게 됩니다.

제 개인적인 생각을 말씀드리면 문제행동이 전혀 없는 강아지들은 소파 위에 올라와서 생활해도 되지만, 외부소리에 짖음이 있거나 분리불안 등 문제행동이 있는 강아지는 소파에 올라오지 못하게 해야 합니다. 소파 위에 올라가 있는 강아지는 보통 외부소리에 많이 짖는 편이에요. 물론 모든 강아지에 해당되는 이야기는 아니지만, 소파 위는 집안에서 가장 높은 공간이기 때문에, 그 공간에 있으면 자기가 우두머리라고 생각을 해서 집안을 지키려고 하는 본능이 생기기가 매우 쉬워요. 물론 아닌 경우도 있지만요. 바닥에 있으면 집을 못 지킬 것 같은데, 소파 위에 있으면 집을 지킬 것 같다고 생각하는 거죠. 너무 귀엽지 않나요?

소파 위에 있을 때 짖는다면 "안돼" 거부표현도 잘 안 듣습니다. "안돼"라고 하면 진정하는 게 아니라, 소파 위에서 더 흥분하며 왔다 갔다 하면서 짖기도 하죠. 그래서 일단 가장 높은 공간은 사람의 것이라고 알려주는 게 중요합니다. 소파 위에 혼자 올라가 있다면 내려보내야 하며, 하우스 교육을 통해서 자신의 공간 방석을 인지시켜주세요. 아무런 교육 없이 무작정 내려가라고만 하면, 강아지들은 쉴 공간이 없습니다. 켄넬이나 방석 같은 곳으로 하우스 교육을 해주셔야 해요. 만약 사람이 소파에 앉아있을 때 올라오려고 하면, 일어서서 막거나 베개나 쿠션 같은 걸로 밀쳐서 제지해주

여기는
내 구역이야!

세요. 소파에 앉아있을 때 하우스 교육을 많이 해주면 훨씬 효과적입니다.

소파는 보호자의 허락이 있을 때만 올라오게 해주세요. 사람이 소파에 앉아있는데도 자신의 공간에서 잘 쉬고 있거나 밑에서 잘 기다리고 있다면, 가끔씩 올라오게 해서 칭찬해주셔도 됩니다. 너무 자주 올라오게 하면 계속 올라오고 싶어 할 테니 가끔만 해주세요.

몇 년 동안 소파를 자기 집처럼 생각했던 친구들은 소파 분리하는 게 많이 힘들 수도 있어요. 보호자께서 많이 노력해주셔야 합니다. 소파 밑 동굴에서 쉬는 강아지도 있는데, 그곳은 먼지도 많고 위생상 안 좋으니 소파 밑 공간은 이불이나 쿠션 같은 걸로 막아서 들어가지 않도록 해주세요. 소파 밑을 좋아하는 강아지들은 동굴 같은 공간을 좋아하는 성향이라, 동굴 같은 집이나 켄넬을 구매하셔서 하우스 교육을 해주시면 됩니다. 그러면 자연스레 소파 밑 동굴보다는 자신의 집으로 들어가겠죠?

어떤 가정은 그 높은 소파를 강아지가 뛰어서 오르락내리락 하더라구요. 절대 좋지 않습니다. 강아지 관절에 치명적인 행동이에요. 이런 사소한 것 때문에 슬개골 탈구가 많이 오기도 해요. 요즘 강아지 계단이 많이 나오니까 구매하셔서 계단으로 오르락내리락하도록 간식 같은 걸로 연습시켜주세요. 연습을 안 하면 계단은 쓸모가 없게 됩니다. 교육을 해도 습관처럼 소파를 오르락내리락하는 경우가 있을 수도 있으니, 바닥에 매트리스나 이불 같은 걸 꼭 깔아놔주세요. 자신만의 공간에서 쉬게 된다면 보호자가 왔다 갔다 해도 신경이 쓰이지 않을 거고, 집을 지키려고 하는 본능도 많이 없어지게 됩니다. 자신만의 편안한 공간에서 쉬도록 보호자께서 노력해주세요.

산책할 때 강아지를 만나면 일단 피하세요

산책 교육을 하다 보면 당혹스러운 경우가 참 많은데요, 제가 교육했던 강아지는 다른 강아지한테 크게 물렸던 기억 때문에 산책할 때 강아지만 보면 벌벌 떨고 트라우마가 있었어요. 어찌 보면 치유가 필요한 강아지였지요. 그래서 산책을 하다 다른 강아지가 오면 살짝 안쪽으로 막아주곤 했는데, 지나가던 강아지 한 마리가 갑자기 저희 쪽으로 자동줄을 주욱 늘리며 확 다가왔습니다. 놀란 저와는 달리 상대편 보호자는 태평하게 그 상황을 가만히 지켜만 보고 계시길래, 왜 허락도 없이 강아지를 이쪽으로 막 오게 하시냐고 말씀드리니 하신 말,

"강아지 냄새 맡게 해주는 건데요. 왜요?"

"저희 강아지는 다른 강아지를 무서워하는데, 허락을 받으셨어야죠."

제가 교육했던 강아지는 이로 인해서 다른 강아지를 더 무서워하게 됐

어요. 많은 보호자들이 산책하다 강아지가 있으면 무조건 만나게 해야 한다는 잘못된 인식이 있어요. 이건 당연한 게 아닙니다. 물론 강아지를 좋아하는 친구들끼리는 서로의 동의하에 냄새를 맡으면서 지나가도 되지만, 다른 강아지를 무서워하는 친구들도 정말 많습니다. 산책할 때 다른 강아지를 만나게 하려면, 반드시 상대 보호자의 허락을 구하셔야 합니다.

"혹시 저희 강아지랑 냄새 좀 맡게 해도 될까요?"

"강아지 친구를 좋아하는 편인가요?"

보호자가 괜찮다고 하면 그때 서로의 냄새를 맡게 해주셔야 합니다.

우리나라는 대부분 산책할 때 자동줄을 길게 해서 다니는데, 사람이 없는 곳에서는 그렇게 다니는 게 문제가 되지 않지만, 다른 사람들이 있거나 다른 강아지들이 있을 때는 줄을 어느 정도 짧게 해서 다니는 게 기본적인 펫티켓입니다. 나의 반려견이 사회성이 좋다고 해서 무작정 사람한테 가게 하거나, 다른 강아지한테 가게 놔두는 건 타인과 다른 강아지를 존중하지 않는 일이에요.

만일 내 강아지가 다른 강아지에 대해 짖고 사회성이 좋지 않다면 몇 가지 팁을 알려드릴게요.

강아지가 멀리서 온다면, 일단 다른 쪽으로 피해주셔야 합니다. 그다음 그 강아지가 지나가면 뒤를 쫓아가는 거예요. 일반적으로 강아지가 앞쪽으로 오면 경계하고 짖는 친구들이 많은데, 뒷모습을 보면 괜찮은 강아지들이 많습니다. 뒤를 계속 확인하고 경계하지 않아도 되거든요. 그렇게 뒤따라가면서 그 강아지가 지나갔던 흔적을 냄새 맡게 해주시면 좋아요.

멀리서 가만히 차분한 상태로 지나가는 강아지들을 보여줘도 좋습니다.

강아지를 무서워하는 친구라면 착한 강아지의 도움이 필요해요. 강아지를 봐도 짖지도 않고 흥분하지도 않고 차분한 강아지들이요. 산책하다가 지나가는데 딱 봐도 순해 보이는 친구라면 보호자님께 부탁해보면 좋겠죠?

"저희 강아지가 다른 강아지를 조금 무서워하는데, 참 착해 보여서요. 혹시 괜찮으시면 인사시켜도 될까요?"

허락하시면 천천히 맡게끔 해주시면 됩니다. 예를 들어 여러분들의 강아지가 다른 강아지 보고 흥분하고 짖는 친구라면 첫 번째, 산책할 때 흥분도를 낮춰주는 교육을 해주셔야 합니다. 산책할 때 다른 강아지 친구들을 만나면 무조건 냄새 맡게 안 하셔도 됩니다. 자신의 강아지가 다른 친구를 좋아하고 상대방 강아지도 우리 강아지를 좋아한다면 서로 냄새 맡게 해줘도 좋지만, 그게 아니라면 그냥 지나쳐주셔야 합니다. 사람도 다른 사람과 어울려 노는 걸 좋아하는 사람이 있는 반면, 집안에서 혼자 있는 걸 좋아하는 사람도 있습니다. 강아지도 마찬가지입니다. 먼저 내 강아지의 성향을 잘 파악해주시고, 그 성향을 존중해주세요.

산책할 때 바닥 냄새만 말고 앞을 보여주세요

강아지들은 산책할 때 냄새를 맡으면서 스트레스를 풀고, 다른 친구들이 영역표시 했던 냄새를 맡으면서 어떤 강아지 친구가 지나갔나 알기도 하고, 후각을 통해 냄새를 맡으면서 많은 활동을 합니다. 하지만 무작정 냄새만 맡는 건 좋지 않다는 것도 알고 계시나요?

산책할 때 흥분하고 줄을 당기면서 가는 경우, 사람, 오토바이, 자전거 등 지나가면 짖는 경우, 다른 강아지 보면 짖는 경우 등 많은 문제행동이 발생합니다. 이런 문제행동을 가진 강아지들을 보면 대부분 산책 내내 바닥만 보면서 냄새를 맡습니다. 이렇게 냄새를 맡다가 자전거가 갑자기 오면 깜짝아! 하면서 자전거를 무서워하게 되는 거죠.

따라서 위험한 상황이 많은 도시에서는 산책하는 동안 바닥 냄새만 맡게 해서는 안 됩니다. 번잡하고 돌발상황이 많은 도시에 사는 반려견들은 생활 속에서 접할 수 있는 다양한 자극이나 상황에 대해서 잘 적응할 수 있도록 더 많이 신경 써서 교육해주셔야 합니다.

사람, 오토바이, 자전거 등 위험한 대상이 없는 공간이라면 바닥 냄새를 맡게 해주셔도 좋지만, 그런 공간이 아니라면 바닥이 아니라 앞을 보면서 다니는 게 좋습니다. 앞을 보여주는 사회화 교육도 같이 해주셔야 합니다.

앞을 보여주는 방법은 간단해요. 산책할 때 무작정 걷기만 하는 게 아니라 공원 벤치 같은 곳에 가만히 앉아있는 거예요. 강아지가 바닥에 내려가려고 하면 앉아, 기다려, 하면서 진정시켜준 후에 지나가는 사람들을 보여줘도 좋고, 지나가는 강아지를 보여줘도 좋아요. 보호자의 무릎에 올려놓고 같이 앞을 봐도 좋습니다. 짖는 강아지는 무릎에 올리면 안 됩니다. 놀이터 같은 곳에 가서 아이들이 소리 지르고 뛰어다니는 모습 등 다양한 모

습과 상황을 볼 수 있게 해주세요. 대상을 많이 무서워하는 강아지라면 최대한 멀리서 보여주며 간식을 주셔도 좋습니다. 산책하다가 큰 도로 사거리 같은 곳에 멈춰 서서 사람들이 왔다 갔다 하는 걸 보여주거나, 오토바이, 자전거 등이 갑자기 지나가는 상황을 보여주세요. 이때도 많이 놀라고 무서워한다면 어느 정도 거리를 두고 보여주시는 게 좋겠죠?

세상을 보여주고 싶어도 계속 바닥 냄새만 맡으며 흥분하는 강아지가 있습니다. 그럴 때는 줄을 살짝 당기며 냄새를 못 맡게 하거나, 간식을 이용해 계속 위를 보게끔 해주시면 됩니다. 예전에는 바닥만 보면서 킁킁거렸는데, 이제는 위를 보면서 킁킁 냄새를 맡을 테니 오히려 신기한 일이지요.

저도 방문교육을 가서 산책할 때 짖는 친구들에게는 세상을 보여주는 행동을 많이 권하고 있으며, 그로 인해 짖음이 많이 좋아집니다. 강아지들이 대상에 대해 나한테 해를 끼치는 게 아니구나, 라는 생각이 스스로 들어야 비로소 그 대상에 대한 경계심이 없어집니다. 보호자가 짖지 말라고만

우와 새로운
세상이네

하는 게 아니라, 짖을 필요가 없다는 걸 강아지가 스스로 인지해야 해요. 대부분 바닥만 보며 가기 때문에 깜짝 놀라는 상황도 많아지고, 그로 인해 예민해질 수 있어요. 짖는 강아지에게만 세상을 보여주는 게 아니라, 짖지 않는 강아지도 예방 차원에서 앞을 보는 연습을 해서 사회화를 길러주시는 게 좋습니다.

산책할 때 강아지가 어딘가를 보게 되면, 잠시 멈춰 서서 기다려 주세요. 예를 들어 어떤 소리가 났을 때, 뒤돌아보는 강아지들이 있을 거예요. 그럴 땐 확인하고 싶다는 뜻이니 꼭 기다려 주셔야 합니다. 산책할 때 강아지가 하고 싶은 대로 줄을 당기며 냄새만 맡는 건 좋지 않습니다. 게다가 도시의 바닥은 위험한 요소들이 너무 많아요. 예를 들어 담배꽁초, 유리조각, 음식물 등. 냄새를 맡다가 그런 것을 먹을 수도 있기 때문에 정말 조심해주셔야 합니다.

산책 나가서 짖지도 않고 흥분도 안 하고 차분하게 보호자 근처에서 머무는 강아지들도 중간중간 멈춰 서서 세상을 보는 산책을 해주세요. 만약 문제행동이 조금이라도 있는 경우는 산책할 때 냄새를 맡는다면 5~10초 정도 이후에 가자, 하면서 그냥 지나쳐주세요. 그런 다음 다시 냄새를 맡는다면 조금 맡게 해주고 그다음 또 가자, 이런 식으로 반복합니다. 또는 산책 나올 때 간식을 들고나와 이름을 불렀을 때 보호자를 쳐다보면 간식을 주는 아이컨택 교육을 해주시거나, 앞으로 갔다가 턴을 하는 연습을 해주시거나, 산책 시작부터 걷다가 멈추고 앉아, 를 시키고 간식을 주고, 이런 교육을 반복적으로 하다 보면 냄새를 맡으려 하는 본능이 조금 완화될 수 있습니다.

산책시 냄새를 맡을 때는 강아지가 앞으로 가서 줄을 당기면서 맡는 게 아니라, 보호자 주변에서 줄을 당기지 않고 냄새를 맡게 해주세요. 만약 보호자가 2미터 정도의 리드줄을 한 상태에서 강아지가 줄을 당기면서 냄새를 맡으러 간다면, 멈추거나 줄을 보호자 쪽으로 당겨서 못 가게 해주세요. 공원 같은 안전한 곳에서는 냄새를 많이 맡게 해주셔도 되지만, 사람이 많은 도시에서는 보호자에게 집중하게끔 보호자가 리드하는 산책을 해주시는 게 가장 좋습니다. 냄새를 맡는 게 스트레스도 풀리지만, 산책할 때 문제행동이 있는 성향이 강한 친구들은 냄새를 맡으면 맡을수록 그 공간을 지키려고 경계심이 많아져서 문제행동이 더 심해질 수가 있습니다. 바닥이 아닌, 세상을 많이 보여주세요.

강아지
혼내도 되나요?

"훈련사님, 강아지 혼내도 되나요?"

강아지는 혼내지 않아야 한다, 칭찬으로만 키워야 한다, 라는 이야기를 많이 들어보셨을 거예요. 6년쯤 전부터 우리나라 언론에 이 말이 나오면서 점점 보호자들도 이렇게 생각을 하는 것 같아요. 제가 어렸을 때는 잘못하면 부모님께 혼나고 회초리로 종아리를 맞았던 거 같아요. 학교에서 선생님한테도 회초리로 손바닥 발바닥도 맞았던 것 같구요. 문제아는 아니었던 것 같은데, 제가 어렸을 때는 학교에서도 잘못을 했다면 훈육을 했던 게 당연했던 것 같아요.

요즘 부모님이나 선생님이 회초리로 체벌을 하면 논란이 되고 학대라고 합니다. 큰 문제가 되죠. 사람 교육이나 강아지 교육이나 비슷한 것 같아요. 5~10년 전쯤에는 강아지 교육도 훈육을 통해서 많이 이루어졌지만, 요즘에는 훈육보다는 달래주고 칭찬하는 교육이 많아졌습니다.

저도 교육을 하는 사람이기 때문에 아직까지도 공부를 하고 있지만, 훈육 교육방식은 그 당시에는 바로 효과가 있지만, 나중에 좋지 않을 수 있고, 칭찬식 교육은 오래 걸리지만, 나중에 좋습니다. 교육에는 정답이 없다고 생각해요. 제 개인적인 생각은 어떤 강아지는 '안돼' 훈육을 통해서 교육을 해야 하고, 어떤 강아지는 칭찬을 통해 치유하고 교육해야 해요. 강아지의 문제행동 이유, 성향에 따라서 맞는 교육방법을 선택해야 하지 않을까 싶어요. 자녀나 강아지를 키우는 보호자 중 아직까지도 혼내면서 키워야 한다는 분이 있고, 혼내지 않고 칭찬으로만 키워야 한다는 분이 있어요. 보호자의 가치관이나 생각 차이인 것 같아요. 저는 둘 다 존중합니다.

시대가 지날수록 어린 학생들도 말을 안 듣는다던데, 강아지도 마찬가지예요. 훈육보다는 칭찬식 교육개념이 커지니까 더 말을 안 듣는 게 아닐까

싫어요. 강아지 혼내도 될까요? 라고 물어보신다면 저의 결론은, 때리고 혼내면 안 되지만, 안돼라는 개념은 알아야 한다는 것입니다. 세상을 살아가면서 안돼라는 거부표현을 모르면 컨트롤할 수 없는 강아지가 됩니다. 요즘 강아지들 보면 문제행동이 정말 많은데 방문교육을 가서 상담해보면 대부분 거부표현이나 안돼에 대한 인지가 되어 있지 않은 경우가 대다수입니다.

평소에 하고 싶은 대로 다 들어주고, 강아지가 싫다고 물면 왜 그러냐면서도 다 이해해주고…. 그래서 보호자를 무는 게 당연해지기도 하고, 외부 사람도 물게 되는 거죠. 문제행동이 있는 강아지들은 '안돼'라는 거부표현을 꼭 인지시켜주세요. 요즘 강아지들은 안돼, 하면 으르릉 하고 대들어요. 보호자를 물려고 하고 짖어대죠. 이렇게 대들면 보호자들은 강아지 성격이 나빠질까 봐 그냥 그 상황을 피해버리고, 그러면 강아지들은 공격성이 더 심해지겠죠. 자기가 싸움에서 이겼기 때문에.

안돼 거부표현을 할 때 애매하게 하면 강아지의 성격이 더 나빠질 수 있어요. 대들었을 때는 단호하게 대응하거나 아예 하지 않아야 해요. 보호자가 안돼! 라고 하는 건데, 애매하게 하다 보면 강아지는 안돼가 아니라 자기랑 싸우자는 줄 알아요. 이렇게 애매하게 혼내는 분들이 많아서 더 사나워지는 강아지가 많습니다. 애매하게 혼낼 바에는 아예 혼내지 마세요

강아지들이 대들면 참고 피하다가, 한 번에 폭발해서 막 때리고 심하게 혼내는 분들이 있어요. 이러니까 강아지들 성격이 이상해지는 거예요. 안돼라는 인지를 시키기 어렵다면 시간이 필요하겠지만, 그 행동을 좋게 천

천히 교육시켜 주세요. 이미 나이가 있는 강아지들은 안돼라는 개념 인지를 시키기가 많이 힘들 수도 있어요. 보호자가 직접 하기 힘들다면 전문가의 도움을 받아보시는 것도 좋습니다. 여러분은 친구가 아니라 보호자잖아요. 마냥 예뻐만 해주는 건 성숙한 보호자가 아닙니다. 보호자가 해주셔야 할 역할은 이 세상을 살아가기 위해 기본적인 예절을 가르쳐주셔야 합니다. 강아지에게 안돼, 거부표현 인지는 꼭 시켜주세요. 그래야 진정한 보호자가 될 수 있습니다.

우리 강아지는 왜 말을 안 듣는 걸까요?

방문교육을 다니면서 많은 보호자와 강아지를 만나고 있는데, 항상 보호자께서 하는 질문이 있어요.

"선생님, 저희 강아지는 왜 제 말을 안 듣는 걸까요?"

그러면 저는 이렇게 대답합니다.

"다 알고 있는데, 못 알아듣는 척하는 거예요."

신기한 게 제가 교육을 하면서 몇 가지 테스트를 해보면 대부분의 강아지는 말을 잘 들어요. 신기하죠? 물론 저랑은 안 좋은 습관을 쌓아온 게 없어서 제 말을 잘 듣는 것도 있지만, 지켜보면 보호자의 말만 안 듣는 것 같아요.

보호자들은 강아지가 말을 못 알아듣는다고, 바보라고 하는데, 강아지들은 대부분 보호자의 말을 다 이해하고 알아듣습니다. 그냥 못 듣는 척하는 거죠. 그 정도로 강아지들은 머리가 좋고 영리합니다. 예를 들어 배변패드를 계속 물어뜯는 강아지예요. 보호자는 "그러면 안돼! 하지 마!"라고 말을 계속하겠죠? 그러면 그때는 그 행동을 멈출 거예요. 하지만 몇 시간 뒤에 또 배변패드를 물어뜯고 보호자는 또 혼내고…. 이게 반복됩니다.

강아지는 그 행동을 하면 안 된다는 걸 알지만, 고집이 세거나 하고 싶은 욕구가 심한 강아지는 들은 척도 안 하고 혼이 나도 자기가 하고 싶은 대로 계속합니다. 저도 어렸을 때 엄마가 "컴퓨터 게임 하지 마."라고 맨날 말씀하셨는데, 그 말을 무시하고 몰래 계속 컴퓨터 게임을 했어요. 그러다가 엄마가 참다 참다 폭발하셔서 정말 크게 혼을 내셨던 적이 있어요. 그 후로는 컴퓨터 게임을 몰래 하지 않고, 허락한 시간에만 했어요.

보호자와 강아지 사이도 마찬가지예요. 보호자가 말로만 "안돼! 하지 마!"라고 하기 때문에 강아지 입장에서는 별로 무섭지도 않고, 안 된다는

금쪽같은 내 강아지, 어떻게 키울까?

걸 알고 있는데도 그 말을 들을 필요도 없고, 자신이 하고 싶은 것만 계속하는 거예요. 그래서 정말 잘못된 행동에 있어서 훈육을 하고자 한다면, 단호하게 해야 합니다. 강아지는 벽지를 물어뜯을 수도 있고, 신발을 가져와서 물 수도 있고, 사람 음식을 먹으려고 할 수도 있어요. 집안에 재미난 것들이 얼마나 많아요. 제가 강아지라면 집안에 재미난 것들이 너무 많아서 계속할 거 같아요. 문제를 일으킬 수 있는 요인들을 없애주는 것도 중요합니다. 다 치워주세요.

보호자는 안되는 것에 대해서만 알려줄 것이 아니라, 해야 할 것을 먼저 알려주는 게 중요합니다. 강아지를 그냥 가만히 두면서 사랑만 주는 게 아니라, 기본적인 놀이를 알려주거나 교육을 해주시라는 이야기예요. 예를 들어 평소에 하우스 교육을 많이 하면서 네 자리는 여기야, 여기가 너의 휴식공간이야, 다른 것을 물어뜯기 전에 노즈워크를 하면서 이걸로 놀아야 해, 장난감이나 뼈다귀를 강아지의 공간에서 주면서 너의 장난감은 이거야, 이 공간에서 놀아야 해, 이런 식으로 먼저 보호자가 나서서 해주셔야 합니다. 그러면 배변패드를 물어뜯지도 않고, 벽지를 물어뜯을 확률도 당연히 줄어들겠죠?

하지만 이게 참 어렵죠. 쉽게 생각하고 쉽게 데려오신 분들은 정말 많이 힘들 거예요. 강아지는 교감을 잘하는 동물이기 때문에 보호자가 생각하는 것 이상으로 똑똑하고, 사람의 마음을 다 이해하고 있습니다. 배변을 잘했을 때 옳지 잘했어, 라고 칭찬만 해도 강아지는 '아, 여기서 싸면 보호자가 나를 칭찬해주네.'라고 이해를 하고, '내가 이런 행동을 하면 보호자가 나를 혼내는구나.'라고 생각합니다.

하지만 영악한 강아지들은 보호자의 관심을 받기 위해 보호자가 싫어하는 행동을 일부러 하기도 하죠. 평소에 보호자가 관심을 가져주지 않으면, 강아지들은 '왜 관심을 안 가져주지? 이런 행동을 해볼까?' 하며 엉뚱한 행동들을 하게 됩니다. 보호자의 말을 못 알아듣는 게 아니라 강아지가 왜 그런 행동을 하는지부터 생각해보셔야 합니다. 내가 관심을 주지 않아서 그런 행동을 하는지, 평소에 스트레스를 풀 데가 없어서 그런 행동을 하는 건 아닌지, 곰곰 생각해보세요.

종일 강아지랑 함께 지내는 보호자들은 같이 지내는 시간이 많으니까, 당연히 교감이 많이 되겠죠? 그런데 집에 혼자 오랜 시간 있는 강아지들은 그럴 수가 없습니다. 일반적으로 직장을 다니시는 분들은 아침에 출근하고 저녁에 퇴근하고 집에 들어오는데, 집에 오면 집안일도 해야 하고 힘들다 보니 강아지랑 잠깐 놀아주고 쉬고…. 아무래도 교감할 시간이 부족하겠죠? 강아지와 같이 보내는 시간이 많지 않다면, 힘드시더라도 최대한 시간을 같이 보내주셔야 합니다. 교육도 하고 산책도 하고, 그래야 말을 잘 듣습니다.

저도 교육을 다니면서 느끼는 점이지만, 그런 행동을 할 수밖에 없는 환경이 많습니다. 강아지는 보호자의 말을 다 이해하고 있고, 다 알면서도 보호자의 머리 위에서 놀고 있는 경우가 많습니다. 보호자한테 혼나서 기분이 나쁘거나 스트레스를 받는 일이 있다면 무언가로 표출해야 하기 때문에, 사람이 싫어하는 행동을 일부러 하기도 합니다. 정말 영악하지요? 사

람도 부모님의 말을 듣지 않는 것처럼, 강아지도 모든 면에서 완벽할 수는 없습니다. 어느 정도만 말을 듣고 이해한다면 그래, 너도 네 생각이 있겠지. 나 닮아서 고집이 센 거겠지. 자연스럽게 생각하고 크게 어긋나지만 않는다면, 그냥 넘어가 줄 수 있는 여유도 필요해요.

강아지가 말을 안 듣는다고 너무 속상해하지 마시고, 앞서 말씀드린 내용을 토대로 말을 듣지 않는 이유에 대해서 다시 한 번 생각해보시면서 그 원인을 해결하고, 훈육할 때는 확실히 해주시면 좋아질 것입니다. 따로 교육을 하지 않았는데도 말을 잘 듣는 강아지들은 선천적으로 워낙 교감이 잘 되는 친구들이고, 그렇지 못한 강아지들은 조금씩 더 교감을 해주면서 지내시면 좋을 것 같습니다.

다른 강아지, 외부 사람을 싫어하는 강아지, 어떻게 해야 할까요?

강아지가 사회성이 없다는 건 크게 두 가지로 볼 수 있습니다. 외부 사람에 대해 사회성이 없거나, 강아지에 대해 사회성이 없거나. 여러분들의 강아지는 어떤 강아지인가요? 제가 정말 많은 강아지를 만났는데, 신기한 게 외부 사람을 좋아하는 강아지는 다른 강아지를 별로 안 좋아하고, 또 외부 사람을 싫어하는 강아지는 다른 강아지를 좋아하더라구요. 사람도 좋아하고 강아지도 좋아하는 친구는 많이 못 본 것 같아요. 그래서 사회성이 없는 강아지는 어떻게 해야 하는지 알려드리겠습니다.

1. 외부 사람에 대한 사회성이 없는 경우

외부 사람이 집에 들어오면 나갈 때까지 짖는 강아지가 있고, 산책 나가서 사람만 보면 짖는 강아지가 있어요. 자주 만나는 케이스 중 하나죠. 사회성이 없는 강아지는 제가 집으로 들어가자마자 짖다가 저를 물기도 해요. 그래서 외부 사람이 집에 못 들어오는 가정도 많더라구요. 외부 사람을 무는 강아지들이 생각보다 많습니다. 사람을 보면 왜 이렇게 짖고 공격적이 될까요? 제가 오랜 시간 강아지훈련을 하면서 느낀 점을 말씀드려볼게요.

일반적으로 강아지가 어렸을 때 사회화 시기를 놓쳐서 외부 사람을 많이 만나지 못해 사회성이 없다고 생각하시는 분들이 있는데, 물론 이 얘기도 맞습니다. 하지만 어떻게 키우느냐에 따라 정말 많이 달라지는 것 같아요. 어떤 강아지는 어렸을 때부터 산책을 많이 못 나갔는데도 사람을 좋아해요. 반대로 어렸을 때부터 산책을 많이 나갔는데도 사회성이 없는 강아지도 많습니다. 성향에 따라 다르긴 하지만, 정말 키우기 나름인 것 같아요.

외부 사람에 대해 사회성이 없는 경우를 보면 대부분 강아지를 너무 끼고 사는 분들이에요. 흔히 엄마껌딱지라고 하죠? 엄마한테만 사랑받고, 엄

마 품에만 있고, 엄마만 좋아하는 강아지들이죠. 오냐오냐 키우는 강아지가 사회성 부분에서는 현저히 떨어지는 경우가 많은 것 같아요. 이미 엄마한테 충분한 사랑을 받는 강아지인데, 굳이 외부 사람한테 애교를 부리면서 이쁨받을 필요가 없는 거죠. 이쁨받을 필요가 없으니 본능적으로 경계만 하고, 보호자를 지키거나 영역을 지키려고 짖는 경우가 많아요. 특히 산책할 때 이런 경우가 많습니다.

강아지들 사회화 시기인 2~6개월 외부 사람을 자주 만나면서 좋은 기억을 심어줘야 합니다. 산책도 당연히 많이 나가야 하구요. 하지만 사회화 시기보다 중요한 건 가족들이 어떻게 키우는가입니다. 과유불급이라는 말이 있죠. 넘치면 모자람만 못하다. 강아지를 키울 때도 적당한 사랑을 주셔야 합니다. 모자란 듯 줘야 한다고 할까요? 사랑을 너무 많이 주게 되면 당연하게 생각하고, 보호자를 소중하게 생각하지 않아요. 여러분의 강아지가 외부 사람을 보고 짖고 경계성이 많은 강아지라면, 도움이 될 만한 몇 가지 방법을 소개해드리겠습니다.

첫 번째, 애정 끊기

그냥 무조건 무시하라는 얘기가 아니고, 처음에는 딱 50퍼센트만 사랑을 주라는 얘기예요. 그러면 강아지 입장에서 굉장히 쓸쓸하고 우울하겠죠? 엄마, 나 좀 예뻐해줘. 왜 안 예뻐해줘? 이렇게 강아지가 사람의 애정을 갈구하는 상황을 만들고 산책하면서 야외에서, 아니면 실내에서 외부 사람이 멀리서 간식도 던져주고 좋은 기억을 심어주셔야 합니다.

두 번째, 외부 사람이 집에 오면 더 애정 끊기

집안에 외부 사람이 온다면 처음에는 짖다가 조용해지는 강아지라면 짖음이 멈추게 되면 강아지가 보호자 옆에 오게 됩니다. 그러면 무시하거나 피하고 저리 가라고 하고, 보호자 근처로 오지 말라고 하면 강아지가 사랑을 받기 위해 외부 사람에게 가서 만져달라고 애교를 부릴 확률이 늘어납니다. 그때 외부인이 간식도 줘보시면 많은 도움이 됩니다. 하지만 짖음이 멈추지 않는 강아지들은 그 부분부터 교육을 해야 합니다. 이 상황이 되려면 생각보다 많은 시간이 필요할 수도 있습니다. 지인 중에서 도와주실 분이 있다면, 노력을 해주세요.

세 번째, 산책할 때 사람 보여주기

산책할 때 많이 짖는 강아지라면 일단 사람이 없는 곳에서 보호자님이 리드하는 산책을 하시고, 그다음 멀리서 사람이 지나가는 것을 보여주고 간식을 주면 좋습니다. 벤치 같은 곳에 계속 앉아있는 것도 좋아요. 아, 외부 사람이 지나가도 괜찮구나. 강아지들이 스스로 느끼게끔 많이 보여주셔야 합니다. 짖음이 심한 강아지라면 전문가의 도움을 받아보시는 것도 좋습니다.

네 번째, 애견유치원, 애견카페, 애견운동장 데리고 가기

사회성이 없는 경우, 많은 사람을 만날 기회가 없기 때문에 오히려 더 경계하고 짖을 수 있습니다. 애견유치원, 애견카페, 애견운동장 같은 곳에 가

면 강아지를 예뻐해주는 사람들이 많아서 사회성이 좋아질 수 있습니다. 하지만 이런 곳에서도 엄마 옆에만 있는 강아지라면, 계속 이동하면서 외부 사람과 마주치게 노력해야 합니다. 사회성이 너무 없는 경우 무작정 데리고 들어가기보다는 그 근처에서 어느 정도 거리를 두고 경계심을 낮춘후에 들어가시는 게 좋습니다.

3. 강아지에 대한 사회성이 없는 경우

사람도 태어날 때부터 성향이 다 다른 것처럼 강아지들도 마찬가지입니다. 강아지 친구들을 좋아하는 성향이 있고, 좋아하지 않는 성향이 있습니다. 따라서 여러분들의 강아지는 어떤 성향인지 먼저 아셔야 할 것 같아요.

강아지 사회성은 일단 많은 강아지를 만나면서 강아지가 스스로 배워나가는 게 가장 좋습니다. 애견카페, 애견운동장, 애견유치원 등 이런 곳에 가서 강아지의 언어를 배워야 합니다. 그 공간에 보호자님이 같이 있다면 다른 강아지에 대해 더 경계를 할 거고, 그 무리에 섞이려고 하지 않습니다, 따라서 사회성이 없는 경우라면 이런 곳에 1~2시간 정도 짧게 보내서 보호자가 없는 상황에 강아지들을 만나면서 사회성을 키워주는 게 가장 좋다고 생각해요. 사회성이 없는 3살 미만의 강아지라면 지금부터라도 조금씩 해주시는 게 좋으며, 3살 이상의 강아지라면 많이 힘들어할 수도 있으니 무리하지 않고 천천히 진행해주시는 게 좋습니다.

강아지들끼리 많이 만나면서 직접 보고 느껴야 근본적인 강아지의 언어와 사회성을 기를 수 있지만, 강아지 사회성을 길러주기 위해 무작정 애견운동장 같은 곳을 많이 다닌다면 없던 문제행동이 생길 수도 있으니 그 전에 산책하면서부터 교육을 선행해주세요.

강아지들끼리 많이 만나면서 직접 보고 느껴야 근본적인 강아지의 언어와 사회성을 기를 수 있습니다. 이런 곳에 가는 게 불편한 상황이라면 산책하다가 차분한 강아지들을 만나면서 천천히 강아지의 언어를 배워야 하며, 차분한 산책교육을 통해서 강아지가 지나갈 때마다 간식도 주고 보호자가 천천히 만져주셔도 좋습니다. 모든 강아지가 다른 강아지와 친하게 지내야 하는 건 아닙니다. 만약 다른 강아지와 어울리지 않는 성향이라면 존중해주셔야 해요. 산책할 때 짖는 친구라면 예절교육을 통해서 못 짖게 못 달려들게 자연스럽게 지나가면 됩니다.

어떤 분들은 사회성을 기르지도 않고 그냥 집안에서만 두고 키우는데, 세상에 태어나서 보호자 한 명한테만 사랑받는 것보다는 더 다양한 사람, 다양한 강아지들과 노는 게 더 행복하지 않을까요? 내 반려견의 높은 삶의 질을 위해서 보호자로서 꼭 노력해주세요.

Chapter 6

강아지 문제행동 대처법

문제행동이 있는 강아지, 왜 고쳐야 할까요?

얼마 전까지만 해도 반려동물 인구가 천만 시대였는데, 이제는 1,500만 시대라고 해요. 세 명 중 한 명은 강아지를 키운다는 얘기인데, 이제는 정말 반려동물과 사람이 함께 공존하는 시대가 된 것 같아요. 그런데 강아지를 키우는 세대가 많아질수록, 문제행동이 있는 강아지도 늘고 있는 것 같습니다.

물림사고도 많이 발생하고, 기본적인 에티켓도 없이 다른 사람한테까지 피해를 주는 몇몇 분들 때문에 저희 반려인들이 같이 눈치를 봐야 하는 상황이 되기도 합니다. 내 강아지가 너무 사랑스럽고 예쁜 건 알지만, 다른 사람에게 피해를 주는 행동을 해서는 안 되겠죠?

그중에서 피해를 가장 많이 끼치는 강아지의 문제행동은 짖음과 공격성, 두 가지로 요약됩니다.

1. 짖음에 대하여

집안에서 정말 심하게 짖는 강아지들이 있어요. 옆집과 위아래 집까지 들릴뿐더러 온 아파트가 떠나가라 짖는 강아지들이 있어요. 물론 강아지가 짖는 건 당연한 행동입니다. 하지만 집안에서 그렇게 심하게 짖는 강아지들은 일반적으로 집이 편안해서 짖는 게 아니라, 불안한 요소들로 인해 경계하고 짖음으로 표현하는 것이기 때문에 정상적인 행동이라고는 볼 수 없습니다. (가끔 짖는 강아지들 말고 짖음이 심한 강아지들 기준이에요.)

따라서 집안에서 많이 짖는 강아지들은 강아지를 위해서라도 교육을 꼭 해주셔야 합니다. 강아지가 스트레스를 받을까 봐, 아니면 교육하기 힘들어서 못 한다는 분들은 민원이 들어오지 않는 전원주택에서 생활하시면

문제견으로 살면 행복할까?

됩니다.

제가 말하는 기준은 사람들이 많이 거주하는 주택과 아파트 기준입니다. 강아지들이 편할 수 있도록 외부소리에 대한 짖음 교육도 해주셔야 하며, 다른 사람들을 위해서 교육은 꼭 필수입니다.

강아지가 잠깐 짖는 거라면 주변에서도 민원을 넣지는 않을 거예요. 하지만 강아지가 짖어도 그냥 방치하는 분들이 많기에 민원을 넣는 거겠죠? 따라서 짖음이 심하다면 보호자들의 교육은 필수입니다.

2. 공격성에 대하여

우리나라 강아지 중 물지 않는 강아지가 없을 정도로 무는 강아지들이 정말 많습니다. 가장 많이 발생하는 공격성 상황은 평소에는 정말 착한데, 발톱 깎일 때나 귀청소, 빗질, 다리 만질 때 등 특히 위생관리를 해줘야 할 때 무는 강아지들이 꽤나 많습니다.

강아지도 사람과 비슷한 감정을 가진 동물이라, 싫은 행동을 할 때 물 수 있어요. 하지만 이 시작으로 인해 다른 상황에서도 무는 경우가 많아집니다.

처음에는 발톱 깎일 때만 물던 강아지였는데, 나중엔 발 만질 때도 물고, 그다음은 빗질할 때 물고, 싫은 걸 할 때마다 점점 많은 상황에서 무는 강아지가 되는 거예요. 가족분들만 물면 상관이 없겠죠?

그런데 그 시작으로 인해 다른 사람을 물기 시작합니다. 외부 사람을 물거나, 미용샵에 가서 물거나, 동물병원에 가서 물거나….

강아지의 공격성을 안일하게 생각하시는 보호자들이 많은데, 정말 큰 문제입니다. 물림사고는 정말 한순간이에요. 지금 보호자를 무는 강아지라면 나중에 언젠간 다른 사람을 물 가능성이 있는 강아지입니다. 그래서 다른 사람을 절대 물지 않게 하려면 일단 보호자부터 물지 않게 교육을 해야 합니다.

강아지가 무는 상황이 있으면 그냥 그 상황을 피하기만 하고 교육을 안 하는 분이 있습니다. 예를 들어 발을 만질 때마다 싫어서 무는 강아지인데, 강아지가 문다고 몇 년째 발을 만지지 않고 계셨어요. 공격성이 있다고 그 행동을 안 하는 게 아니라, 그 행동을 싫어해서 무는 거라면 좋은 기억을 하게끔 해주세요.

배변훈련, 짖음, 이런 건 비교적 천천히 교육을 해주셔도 되지만 공격성은 하루빨리 교육을 해주셔야 합니다. 나중에 표현성으로 무는 게 인식이 돼버리면 많은 상황에서 무는 강아지가 될 수 있습니다. 전문가를 통해 교육을 하거나 보호자님이 여러 가지 교육방법을 검색하셔서 꼭 해주세요. 나중에 그 가정에 어린아이가 태어난다면 정말 큰일이 일어날 수도 있습니다.

저는 교육을 하면서 정말 많이 물립니다. 손발, 온몸에 상처가 없는 곳이 없어요. 그런데 저는 직업이니까 어쩔 수 없이 물리게 되지만, 일반인들은 무슨 잘못인가요? 세상을 살아가기 위한 기본적인 예절교육을 잘 시켜주셔서 반려인들이 인정받는 그날까지 많은 보호자들의 노력이 필요합니다.

집안에서 짖는 강아지

강아지가 짖으면 문제행동이라고 생각하시는 분들이 있는데, 강아지가 짖는 건 당연한 행동입니다. 사람이 말하는 것과 비슷해요. 강아지들은 짖음으로써 의사 표현을 합니다. 좋을 때도 짖고, 싫을 때도 짖고, 경계할 때도 짖고, 불안할 때도 짖습니다. 여러 상황에서 자신의 기분을 표현하는 거죠. 그런데 못 짖게 하는 건 말하지 말라는 것이나 다름없습니다. 강아지가 짖을 때 무작정 혼만 내는 분들이 많은데요. 짖는 이유를 해결하지 않고 무작정 훈육만 한다면 강아지는 큰 스트레스를 받을 수 있습니다. 강아지가 짖을 땐 훈육을 하기보다는 먼저 짖는 이유를 찾아서 해결해주셔야 합니다. 짖는 이유를 어떻게 찾고 어떻게 해결하냐구요? 우선 대표적인 몇 가지 상황을 알아보겠습니다.

1. 외부소리에 짖는 강아지

우리나라 강아지들은 대부분 외부소리, 초인종 소리에 대해 많이 짖습니다. 그 공간을 지키려고 경계성으로 짖는 게 가장 일반적인 이유입니다. 왜 외부소리에 대해 경계를 하고 자기가 지키려고 하나? 그 이유는 보호자가 지켜주지 않아서예요. 지켜주지 않는다는 것에는 정말 많은 뜻이 있지만, 일단 보호자로 생각하지 않는다는 거예요. 그냥 친구나 동거인 같은 존재로 생각하기 때문에 본능적으로 자기가 지키려고 하는 거죠. 보호자가 알아서 지켜준다는 걸 알면 강아지는 굳이 지나치게 나서려고 하지 않습니다. 다른 이유로는 평소 스트레스를 풀지 못해서 짖는 경우도 많습니다.

강아지가 짖을 때 대부분 보호자는 간식으로 시선을 돌리거나, 안으려고 하거나, 애매하게 안돼! 조용히 해! 이런 반응들을 보입니다. 그런 경우 짖음은 점점 더 심해지죠. 예를 들어 강아지가 외부소리에 짖을 때, 단호하게 훈육을 하며 안돼, 라고 하면 강아지들은 아, 짖으면 안 되는구나라고 생각을 하고, 반복학습을 하다 보면 짖음이 줄어듭니다.

그런데 보호자들은 단호하게 훈육을 하는 게 아니라 애매하게 안돼! 하지 마! 이러니까 강아지는 내가 짖으면 보호자가 왜 나한테 화를 내지? 외부소리=보호자의 잔소리라고 생각할 수 있어요. 엄마가 하는 잔소리처럼 이요. 그래서 훈육을 할 때는 잔소리가 아니라 안돼라는 걸 알 수 있게끔 단호하게 해주셔야 합니다. 애매하게 할 바엔 차라리 아무런 행동을 하지 않고 무시하는 게 좋을 수도 있어요.

가장 먼저 생각해야 할 부분은 짖음에 대해 훈육이 필요한 건지, 에너지

소모가 안 되어서 그런 건지, 평소에 예민해서 그런 건지, 짖음의 원인 파악을 먼저 해주셔야 합니다.

예를 들어 여러분의 강아지가 하루에 산책을 20번 나가요. 그러면 외부 소리에 짖지도 않고 집에서 잠만 잘 거예요. 그런데 20번은 말도 안 돼죠? 그만큼 산책을 자주 나가서 강아지가 집안에서 쉴 수 있도록 스트레스 해소를 해야 한다는 이야기입니다. 산책을 많이 못 나가거나 집안에서 아무런 활동도 하지 않는 강아지들은 외부소리에 대해 짖음으로 스트레스를 해소할 수 있어요. 할 일이 없어서 짖는 걸로 스트레스 해소를 하다니, 슬픈 일이지요. 그러니 짖는다고 혼만 내지 말고 스트레스 해소해줄 생각을 해주세요.

집안에서 차분한 놀이를 하거나 산책만 많이 나가도 정말 좋아질 수 있습니다. 산책 나가서 바로 밖으로 뛰어나가지 말고 집 대문 앞에서 가만히 서 있는 것도 좋아요. 그 앞에서 간식으로 앉아, 기다려, 같은 것을 해주시면 좋구요. 그러면 그 공간에서 정말 많은 소리를 들을 수 있습니다. 사람들의 발자국 소리, 대화하는 소리, 엘리베이터 소리 등 강아지들이 직접 듣고 눈으로 확인을 할 수 있기 때문에, 집앞 현관이나 집주변에서 산책을 많이 해주셔야 합니다.

외부소리를 들려주면서 간식을 많이 주세요. 이 방법이 가장 효과적입니다. 그리고 짖을 때 조용히 하라고 간식을 주시는 분들이 많은데, 그러면 강아지는 어? 짖다가 조용해지면 나한테 간식을 주네? 라고 생각할 수 있습니다. 따라서 간식을 주려면 짖기 전에 주셔야 합니다.

강아지가 외부소리에 대해 짖을 때 강아지 앞에 가서 블로킹을 하거나 막기를 하는 보호자들이 있는데, 그러면 강아지들은 뭐야? 이러면서 다시 보호자 뒤로 와서 짖을 겁니다. 블로킹을 하거나 막기를 하려면 보호자 뒤로 못가게 단호하게 막거나, 강아지 쪽으로 밀어내기식으로 해주셔야 합니다. 그냥 막기만 해서는 진정되지 않습니다.

2. 초인종 소리에 짖는 강아지

초인종 소리는 보호자가 손쉽게 연습시킬 수 있어요. 가장 기본적인 방법부터 알려드리면, 일단 하우스 교육을 먼저 하셔야 해요. 방석이나 켄넬에 들어가서 앉으면 간식을 주는 교육이요. 이 하우스 교육이 된 다음 두

분이서 연습을 해주셔야 하는데, 한 명은 밖에서 초인종을 누르고, 그다음 강아지가 짖거나 문 앞으로 나가려고 하면 한 명은 간식을 들고 막으면서 하우스로 보낸 후 간식을 주셔야 합니다. 이게 말로는 쉬운데 막상 해보면 쉽지 않을 거예요. 만약 도와주실 분이 없다면 혼자서 초인종을 누르고 하우스로 보낸 후 간식을 주는 연습을 해주시면 됩니다. 처음 연습할 때는 많이 짖을 거예요. 하지만 계속하다 보면 점점 무뎌져서 좋아질 수 있습니다. 이 교육을 반복적으로 하다 보면 강아지 입장에서는 초인종 소리 나면>내가 하우스 들어가야 하고>그다음 간식 먹는구나, 라고 생각하게 됩니다.

3. 좋아서 짖는 강아지

보호자가 퇴근하고 돌아왔을 때 신나서 짖는 경우도 많습니다. 보호자가 퇴근하고 오면 강아지는 너무 반가워서 흥분하겠죠? 흥분하니까 짖는 거구요. 보호자도 너무 반가워서 오구오구 보고 싶었어, 잘 있었어? 바로 인사를 해주는 경우가 많죠. 이렇게 계속하다 보면 강아지 입장에서는 사람이 들어오면 내가 흥분을 해야 인사를 해주는구나, 라고 생각을 하게 되고, 사람이 들어오면 흥분하는 게 강아지의 인사법이 됩니다.

신나서 짖는 경우는 이런 식으로 바꿔주세요. 보호자가 들어왔을 때 흥분을 하면 무시하거나 막거나 밀기로 일단 진정시켜주시고, 그다음 하우스로 보낸 후 차분해지면 인사를 해주거나 간식을 주면 됩니다. 인사를 해줄 때도 아이구 예쁘다, 흥분하면서가 아닌 잘 있었어? 차분하게 인사를 해줘야 합니다.

보호자가 퇴근 후 집으로 들어오면 내가 방석으로 가서 차분해져야 인사를 해주네? 라고 생각을 하게 끔이요. 아니면 손바닥 교육을 해주세요. 손바닥이 보이면 엎드리는 제스처인데, 퇴근 후 들어오시면 손바닥을 보여주시고 강아지가 차분해지면서 엎드리면 간식이나 인사를 해주시면 됩니다.

손바닥 교육방법

산책하기 전 흥분하는 강아지

방문교육에서 가장 많이 하는 교육은 산책 교육입니다. 산책할 때 짖는 강아지. 흥분하는 강아지 등 여러 가지 문제로 교육을 하고 있는데, 그중에서 가장 많은 문제행동이 있는 상황은 산책할 때 흥분하는 경우입니다.

"선생님, 저희 강아지는 산책할 때 너무 흥분해요. 제가 끌려다녀요. 너무 제멋대로 해요."

이런 강아지들은 산책을 나가기 전부터 흥분하는 경우가 많습니다. 대부분 보호자는 산책 가기 전에 "산책 가자." 이렇게 말을 하고 강아지들은 그 소리에 신나서 흥분하고, 산책줄을 한 후에도 나가서 계속 흥분상태입니다. 강아지들이 산책 나가기 전에 집안에서 뛰어다니면서 짖거나 낑낑거리며 흥분하면 강아지가 너무 좋아하는 거라고 생각할 수 있는데, 너무 신나 하는 모습이 귀엽기는 하지만 과한 흥분은 결코 좋다고만 할 수는 없습니다.

사람 아이로 치면 "놀이터 가자."라고 했을 때 소리 지르며 집안을 계속 뛰는 것과 같습니다. 사람마다 느끼는 관점은 다르겠지만, 저는 산책 나가기 전에는 흥분하면 안 된다고 생각합니다. 그게 산책 끝까지 이어지는 경우가 많기 때문이에요. 어떤 보호자는 "산책 가자."라는 말을 하고, 강아지가 흥분하면 산책줄을 채우고 나가는 경우가 많습니다. 그리고는 문밖을 나가자마자 끌려다니면서 같이 뛰고 계시더라구요. 그러면 강아지는 이렇게 생각합니다.

'내가 흥분을 하고 날뛰어야 산책줄을 하네?'

'내가 흥분을 해야 산책을 나가네?'

따라서 산책줄을 하고 밖으로 나가기 전 집안에서부터 교육을 해야 하고, 산책을 나가기 전 보호자가 해주셔야 할 교육을 몇 가지 알려드리겠습니다.

1. 산책 가자, 라고 말을 했을 때 강아지가 흥분한다면, 막기나 밀기를 통해 진정을 시키거나 강아지 방석에 하우스 교육을 한 후 앉아, 기다려, 를 시켜야 합니다. 이렇게 반복학습을 하다 보면 산책 가자 라는 말이 > 흥분하는 게 아니라 산책 가자>차분해져야 하는구나, 하고 생각하게 됩니다.

2. 차분해진다면 리드줄을 꺼내야 하는데, 리드줄을 꺼내면 다시 와서 또 흥분할 거예요. 그러면 다시 방석, 하우스에서 기다려, 후에 산책줄을 들고 다시 하우스 방석 앞으로 가셔야 합니다. 흥분이 심한 친구들은 시간이 필요합니다.

3. 리드줄을 들고 있는 상황에 방석, 하우스에서 차분히 기다리고 있으면, 산책줄 하는 척을 하고, 흥분한다면 다시 막기 밀기 앉아 기다려로 진정. 그다음 천천히 줄을 매주셔야 합니다. 아, 내가 흥분하면 > 산책줄을 매지 않는구나 라고 생각 하게끔이요.

4. 목줄이나 가슴줄을 하고 그다음 리드줄을 하고 바로 나가면 또 흥분할 테니, 천천히 보호자가 먼저 나오면서 그다음 강아지를 나오게끔 해주세요. 그 상태에서 또 흥분한다면 하우스나 앉아, 기다려를 통해 진정시켜주시면 됩니다. 그러면 점점 강아지의 생각은 내가 방석에 가서 차분히 기다려야 산책을 나갈 수가 있겠네, 하겠죠?

5. 하우스 방법이 어려우신 분은 리드줄을 맨 후 집안을 보호자가 먼저 리드하며

계속 왔다 갔다 돌아다니면서 집안 산책을 해주시면 좋습니다. 산책을 나가는 과정부터 빨리빨리 챙겨나가기 바쁘셨다면, 이제는 준비과정부터 여유를 가지는 연습을 해주세요. 보호자가 급하고 흥분을 한다면, 강아지도 덩달아 마찬가지로 흥분을 할 수밖에 없습니다. 하지만 이 방법이 너무 힘들고 어렵다면 산책줄을 리드줄 착용까지 산책 준비를 다 마친 상태에서 리드줄을 바닥에 내려놓고 할 일 하시고 10~20분 후에 산책을 나가신다면 진정에 도움이 되실 거예요. 그냥 의자에 앉아 계셔도 됩니다. 하지만 이보다는 앞서 말씀드린 교육을 하는 게 훨씬 효과적입니다.

산책줄을 할 때 너무 흥분하는 강아지라면, 산책 전에만 교육을 하는 게 아니라 하루에 3회 정도 간식을 주며 연습만 하다가 끝내도 좋습니다. '어? 줄을 채웠는데 왜 안 나가지?' 강아지들은 속상해할 수도 있지만, 간식도 먹고 반복적으로 하다 보면 괜찮아집니다.

말씀드린 방법으로 열심히 연습해주신다면 산책하기 전에 흥분하지 않을 거예요.

내가 차분해야 > 산책을 나가는구나. 잊지 않으셨죠?

교육은 며칠 한다고 바로 좋아지는 게 아니라, 꾸준히 몇 주 이상을 열심히 해주셔야 합니다. 습관을 바꾸기는 어려워요. 상태에 따라 몇 달이 걸릴 수도 있습니다. 하지만 포기하지 않고 열심히 해주신다면 보호자의 말을 잘 듣는 강아지가 될 수 있습니다.

산책할 때
짖는 강아지

날씨가 많이 풀리면 강아지 산책을 많이 나가는데, 그중에서도 보호자들이 가장 고민하는 문제행동은 산책할 때 짖는 강아지입니다. 강아지가 짖을 때 어떻게 해야 할지 몰라 줄을 심하게 당겨보거나, 안고 이동하거나, 그냥 빨리 피하는 분들을 위해 할 수 있는 몇 가지 방법을 알려드리겠습니다.

우선 강아지의 짖음의 원인을 파악한 후에, 그에 맞는 교육방법이 필요합니다. 강아지가 짖는 대상부터 파악해보셔야 해요. 오토바이, 자전거, 외부 사람, 어린아이들, 다른 강아지 친구 등 이런 대상에 대해 다 짖는 경우도 있고, 다른 강아지만 보면 짖는 경우도 있고, 어린아이들을 싫어하는 강아지들이 생각보다 많은데요. 항상 뛰어다니고 소리를 지르면서 다니기 때문에, 강아지 입장에서는 위협적으로 느껴질 수밖에 없겠죠.

너 나한테 위협하지 마! 저리가! 라고 경계성으로 짖는 경우가 정말 많습니다. 자신에 대해 위협을 느껴서 방어적으로 짖을 수도 있고, 아니면 자신의 보호자와 공간을 지키기 위해 짖는 경우도 있습니다. 원인은 정말 다양해요. 그래서 원인 파악이 선행되어야 합니다. 원인부터 파악해야 하는 게 가장 중요합니다.

이렇게 짖는 친구들은 대부분 정상적인 산책을 하지 못하는 경우가 많더라구요. 산책할 때 강아지가 항상 보호자를 리드하고 앞으로 먼저 나가면서 줄을 당기며 흥분하고, 산책 내내 바닥만 보며 냄새만 맡는 강아지들이 짖음이 심한 편이었습니다.

이런 식으로 산책을 하게 되면 보호자를 지켜야 한다는 인식이 생길 수밖에 없고, 마음대로 산책을 하다 보면 자신의 영역이 생기기 때문에 더 경계해요. 그리고 보호자가 자신을 지켜주지 않기 때문에 자신이 주도적으로 직접 경계하며 방어적으로 표현을 하는 거죠. 따라서 짖음이 많은 강아지

'내 구역'
근처에
오지마!

는 보호자가 리드하는 산책을 하는 게 중요합니다. 보호자가 리드하는 산책이 어떤 거냐구요?

보호자가 앞에서 방향을 이끌어줘야 하고, 냄새를 맡다가도 그냥 가자고 해야 하고, 다른 강아지 친구가 지나가면 지나칠 때도 있어야 하고, 보호자의 결정 없이 마음대로 행동을 하게 해서는 안 됩니다. 이게 말로는 쉬운데, 직접 해보시면 그렇지 않아요. 이제 여러분이 할 수 있는 가장 기본적인 교육방법을 알려드리겠습니다.

1. 방향전환

산책을 나오자마자 강아지가 가고 싶은 데로 끌려가는 분들이 많은데, 그래선 안 됩니다. 예를 들어 집 대문을 나오자마자 엘리베이터를 타고 1층으로 내려가서 밖으로 나가서 동네 한 바퀴 도는 루틴이 있으실 거예요. 이렇게 하다 보면 내 구역에 어떤 강아지 친구가 왔다 갔나 냄새도 맡으며 흥분할 수밖에 없겠죠? 이렇게 산책을 하게 되면 강아지가 자신의 공간에 대해서 더 영역을 지킬 뿐만 아니라 경계심이 심해질 수밖에 없습니다. 루틴을 깨주셔야 합니다. 대문을 나오자마자 엘리베이터 타고 내려가서 밖으로 나가는 게 아니라 다시 집으로 올라가고, 또 엘리베이터 타고 내려가고 또 올라가고···. 이런 식으로 보호자가 정한 한정된 공간 안에서만 방향전환을 하며 계속 왔다 갔다 해주시는 거예요.

참 재미없는 산책이겠죠? 이렇게 평생 산책을 해야 한다면 너무나 슬픈 현실이겠지만, 짖음이 좋아지기 전까지만 해주시면 됩니다. 처음에는 집>

엘리베이터>1층 현관, 이 공간만 반복하고 끝내면 되고, 며칠 후에는 공간을 더 넓혀서 방향전환을 하며 왔다 갔다 해주시면 됩니다. 보호자가 반대쪽으로 가려고 할 때 강아지가 따라오지 않는다면 계속 기다리거나 앉아서 불러보거나 간식으로 유도해보거나 해주세요. 강아지가 버틸 때 져주면 안 됩니다. 만약 5분 10분 동안 계속 버티고 있다면, 보호자도 계속 기다리다가 산책을 끝내주시면 됩니다. 이렇게 하다 보면 보호자가 리드하는 산책이 될 수 있습니다.

3. 짖기 전에 줄 당기며 진정시키기

강아지가 짖을 때 목줄이나 가슴줄을 당기면서 훈육하시는 분이 많은데, 강아지가 이미 짖은 상태에서 줄을 당기며 안돼, 하면 말을 듣지도 않고 진정시키기가 쉽지 않습니다. 강아지 입장에서는 더 스트레스를 받을 수도 있어요. 짖기 전에 흥분도를 낮춰주시는 게 좋습니다. 대상이 지나갈 때쯤 짖기 전에 줄을 당기며 안돼, 한 후 빠르게 지나가는 게 좋습니다. 짖을 때마다 줄을 당기면서 제지해야 한다는 생각은 버려주세요. 강아지가 짖을 때 줄을 당겨야 할 수도 있지만, 짖기 전에 신호를 주며 지나치는 게 훨씬 더 효과적입니다.

줄을 당기는 교육방법은 정말 잘 해주셔야 해요. 잘못된 타이밍과 애매하게 해주신다면 오히려 악화될 수 있으니 전문가의 도움을 받아보시는 게 좋습니다. 평소 산책할 때 줄을 당기며 강아지 흥분도만 낮춰줘도 짖음이 많이 좋아질 수 있습니다. 짖을 때 목줄을 당길 생각 말고, 평소 산책할 때 흥분도를 낮춰주며 걷는 연습부터 해주세요.

3. 대상을 멀리서 보여주기

결국은 강아지들이 그 예민한 대상에 대해 스스로 보면서 '나한테 해를 끼치는 게 아니구나. 괜찮네.'라고 생각해야 대상에 대해 경계심이 없어질 수 있습니다. 짖을 때 목줄만 당기거나 훈육만 해서는 안 되며, 예민한 대상을 멀리서 보여주고 들려주며 간식도 주시면, 좋은 기억을 심어줄 수 있습니다.

4. 간식으로 시선 돌리기

강아지가 짖을 때 짖음을 멈추게 하기 위해서 간식을 주고 계신 분들도 계실 거예요. 흥분을 많이 하는 강아지는 간식을 먹지도 않고 보지도 않습니다. 제가 앞서 말씀드렸던 첫 번째 방법 왔다 갔다 하면서 중간중간 간식으로 앉아, 기다려, 후 간식을 주는 연습을 정말 많이 하셔야 합니다.

이 연습이 충분히 된 후 예민한 대상이 지나가기 전에 앉아 기다려를 한 후 보호자를 보게끔 교육을 해야 합니다. 이것도 짖기 전에 간식으로 시선을 돌려주시는 게 포인트입니다. 산책할 때 강아지가 흥분을 엄청 많이 하고 보호자가 컨트롤이 되지도 않는데, 짖을 때마다 간식을 주면 의미가 없습니다. 목줄, 가슴줄을 당기는 게 불편한 보호자님이라면 정말 디테일하게 교육을 해주셔야 합니다. 짖을 때마다 간식 주지 마시고, 산책 처음부터 끝까지 보호자에게 집중하게끔 연습시켜주세요.

산책할 때 짖는 강아지 교육 정말 쉽지 않습니다. 아무리 목줄을 당겨도, 간식을 줘도 개선이 되지 않을 수도 있습니다. 그 이유는 보호자가 꾸준하지 않아서일 수도 있고, 강아지 상태가 심각해서일 수도 있고 보호자가 잘못된 방식으로 하고 있어서 그럴 수도 있고 보호자와의 관계 때문에 좋아지지 않을 수도 있어요.

산책할 때 보호자가 리드한다는 개념으로만 한다면 강아지 짖음이 많이 좋아질 수 있습니다. 문제가 없는 강아지라면 강아지가 하고 싶은 대로 원하는 대로 다 가주셔도 되지만, 산책할 때 문제가 있는 강아지라면 어느 정도의 규칙과 보호자가 리드하는 산책을 해주셔야 합니다. 상태가 심각하다면 예민한 대상이 없는 공간, 거리부터 조금씩 연습해주세요.

배변훈련이
어려운 강아지

　배변훈련은 정말 많은 방법이 있습니다. 그 집의 환경을 직접 봐야 알 수 있고, 강아지들마다 다르기 때문에 참 어렵습니다. 배변훈련은 경우의 수가 많은데요.

　이를테면 소변 대변 다 못 가리는 상황, 소변은 잘 보는데 대변만 못 가리는 상황, 사람이 있을 때는 잘하는데 사람이 없을 때만 못 가리는 상황, 스트레스를 받을 때 일부러 싸는 상황, 패드중앙이 아니라 주변에 싸는 상황, 쇼파, 침대 위에만 싸는 상황 등등 다양합니다. 상황마다 교육방법이 다르고 또 강아지마다 다르기 때문에, 그 상황을 직접 보지 않는 이상 정확한 배변훈련을 알려드리기 어렵더라구요. 하지만 오랜기간 방문훈련을 다니면서 시도했던 몇 가지 노하우를 알려드리겠습니다.

1. 집안에서 흥분하지 않아야 합니다.

화장실은 차분한 상태에서 잘 갈 수 있어요. (그래서 아침에 강아지들이 배변을 잘할 확률이 높아요.) 차분한 상태로 화장실 가야지~ 이런 생각이 들어야 갈 수 있는 거지, 흥분이 높은 강아지들은 집안에서 흥분만 하다가 그 자리에서 싸게 되는 거죠. 높은 흥분도는 배변훈련에 큰 방해요소입니다.

흥분도를 낮춰주는 교육을 해주세요. 앉아, 엎드려, 기다려, 하우스, 노즈워크 등 많겠죠? 그리고 산책을 많이 나가주면 집안에서 차분해질 수 있어요.

2. 쉬는공간/놀이공간 영역 확실히 만들어주기

배변을 못가리는 친구들 집을 가보면 집은 어디인지, 놀이터는 어디인지, 화장실은 어디인지 영역이 나눠져 있지 않더라구요. 강아지 집에서는 하우스 교육을 계속해주시고, 놀이터에서는 장난감을 많이 두시면서 노즈워크를 해주시고 그 나머지 영역에 배변패드를 깔아주세요.

3. 실수한 위치에 냄새 제거를 확실히 해주셔야 해요.

대부분 향이 나는 탈취제로 닦으시는데, 물론 그러면 대소변 냄새는 안 나겠지만, 그 향이 남게 됩니다. 예를 들어 베이비파우더 향이라고 가정해볼게요. 오줌을 싸고 닦으면 그 자리에는 이제 베이비파우더 향이 남겠죠? 강아지들은 어? 내가 싼 곳에 베이비파우더 향이 남네? 이러면서 또 그 위치에 가서 실수를 하게 되는 거예요. 따라서 무향 탈취제를 써주시는 게 좋

습니다.

4. 배변패드, 화장실은 항상 깨끗해야 합니다.

강아지들은 생각보다 깔끔한 동물이라서 더러운 곳에 싸지 않으려고 해요. 패드에 한번 싸면 더러워서 다시는 안 싸는 강아지도 많아요. 아깝지만 한번 싸면 패드를 바로 갈아주세요. 그리고 배변패드는 한 마리 기준 최소 두 공간 정도에 깔아주셔야 합니다.

5. 혹시 실수하더라도 절대 혼내지 마세요.

강아지들은 일반적으로 그곳에 싸서 혼났다고 생각하기보다는 집안에서 배변을 하면 혼나는구나 라고 생각할 가능성이 높습니다. 그리고 배변실수를 하면 사람이 기분 나빠한다는 걸 알아서 스트레스를 받거나 보호자한테 삐지면 일부러 실수를 하기도 합니다. 집안에서 배변을 하면 혼나는구나 라고 인식을 하게 때문에, 사람이 있으면 일부러 참게 되고, 그러다가 자기도 못 참는 상태가 되면 아무 공간에 싸기도 합니다.

6. 잘 쌌을 때만 간식보상을 해주세요.

싸고 나서 바로 보상해주면 좋지만, 늦게 확인하더라도 데리고 가서 꼭 간식보상을 해주세요. 그리고 간식은 평상시에 주지 말고 잘 쌌을 때만 보상해주셔야 훨씬 효과적입니다.

7. 산책을 최대한 많이 시켜주세요.

강아지들은 냄새를 맡으면서 화장실을 찾아가는 습성이 있는데, 산책을 많이 못하면 화장실을 찾아갈 수 있는 본능이 없겠죠? 산책만 많이 나가도 정말 많이 좋아지니까, 열심히 나가주세요.

배변패드 가장자리에 소변보는 강아지

방문교육을 다니다 보면, 배변패드 끝에 소변을 보는 강아지들이 많더라구요. 문제인 것 같기도 하고, 문제가 아닌 것 같기도 하지요? 그래서인지 그냥 냅두는 분들이 많았어요. 완전 다른 공간에 하는 게 아니기 때문에, 사실 패드 주변에 싸는 건 실수라고 하기도 애매하죠. 하지만 이 문제도 많은 고민 중 하나겠죠? 패드를 걸쳐 싸거나 그 주변에 싸는 이유도 정말 다양해요.

1. 더러워서

일반적으로 강아지들은 한번 싼 곳에는 지저분해서 더 이상 싸지 않으려고 해요. 본능적으로 깔끔한 친구들입니다. 소변을 보러 가는데 아까 본 소변이 그대로 있으면 지저분해서 하기 싫겠죠? 그래서 중앙이 아니라 점점 그 바깥쪽으로 싸다 보니 습관이 된 경우가 있습니다.

2. 일부러

스트레스를 받을 때 강아지들은 무언가로 계속 표출하고 싶어 해요. 안 하던 행동을 갑자기 하고, 이상한 것도 물어뜯고, 배변 실수도 해보고…. 그러다가 패드 근처에 배변 실수를 했는데 이렇게 하면 보호자가 나한테 화를 내네? 기분이 나쁜 건가? 나도 기분 나쁠 때 보호자 싫어하는 행동을 해야겠다. 이런 식으로 표현하는 거죠.

3. 패드가 작아서

사실 이것이 가장 큰 이유가 될 수 있어요. 대부분 조그마한 패드를 한 장 깔고 있는 강아지가 많은데, 그 좁은 배변패드에 강아지가 네 발을 다 맞춰서 싸는 게 정말 어려운 일입니다. 물론 딱 맞춰서 싸는 강아지들도 있지만 정말 힘든 일이에요. 그래서 패드가 작으면 당연히 앞발만 걸쳐 쌀 수도 있고, 자리를 잡기 위해 돌다가 근처에 쌀 수도 있습니다.

공간이 너무 작아서 실수 할 수 밖에 없는데 …

이 원인들을 토대로 여러 가지 교육방법을 알려드릴게요.

1. 패드 자주 갈기

소변을 한번 싸고 새것으로 가는 게 정말 아깝기는 한데, 정확성을 위해 어쩔 수 없습니다. 아깝지만 정확하게 가릴 때까지 한번 싸면 바로 갈아주고, 항상 깨끗하게 배변패드를 유지해주세요.

2. 패드 넓히기

패드를 한 장만 까는 게 아니라 조그마한 패드 기준으로 최소 4장 정도는 깔아주셔야 강아지들이 돌다가 자리를 잡으며 소변을 보기가 수월해요. 강아지 크기에 따라서 중형패드나 대형패드로 써주셔도 좋습니다.

3. 패드 주변에 ㄷ자 울타리 치기

1,2번 방법을 해봤는데도 개선이 되지 않는다면, 이 방법을 시도해보세요. 강아지들이 패드 끝에 싸는 가장 큰 이유는 그 위치가 벽이 있는 공간이 아니기 때문에 배변 위치를 잡기 위해 계속 돌다가 실수를 하는 것입니다. 처음 시작은 배변패드였기 때문에, 자신은 잘 가린 거라고 생각해요. 이런 강아지들은 패드 주변에 울타리를 쳐서 하나의 공간으로 만들어주시는 게 좋습니다. 처음부터 패드 주변에 ㄷ자로 만들면 울타리가 낯설어서 울타리 안 패드가 있는 공간까지 들어가지 않을 수도 있으니 처음에는 패드 뒤쪽으로 울타리를 ㄴ자부터 만들어주시고, 그다음 시간이 지난 후에

잘 싸면 ㄷ자로, 그다음 입구 쪽을 조금 더 좁게 만들어주시면 됩니다. 그러면 그 울타리 안으로 들어가서 그 안에서만 빙빙 돌다가 쌀 거예요. 울타리 방법은 ㄴ자부터 천천히 추가로 설치해주셔야 하며, 근처에라도 잘 쌌을 때 꼭 간식 보상을 해주세요. 울타리에 거부감이 있는 강아지들은 오히려 패드에 안 쌀 수도 있으니 강아지한테 맞는 교육을 해주세요.

4. 보상 확실하게 해주기

3번 방법 '울타리 치기'를 하면서 해주시면 더 좋아요. 배변패드 근처에 싸거나 걸쳐서 쌌을 때, 보상을 해줄 때에는 네 발이 모두 배변패드 위에 올라올 수 있게끔 유도해주신 뒤 패드 위에서 간식 보상을 해주시는 거예요. 패드에 네 발 다 올라가게끔 하는 습관을 만들어주는 거지요. 소변을 봤을 때 바로 보상해주면 가장 좋겠지만, 늦게 확인하더라도 데리고 가서 보상을 해주시면 좋습니다.

환경에 따라 디테일한 교육방법은 달라질 수 있겠지만, 위 네 가지 방법만 꾸준히 하시면 패드 모서리에 걸쳐 싸는 습관은 대부분 좋아집니다. 하지만 환경에 따라 교육방법은 달라질 수도 있어요.

이 외에도 더 많은 방법이 있지만, 가장 효과적인 방법을 알려드렸습니다. 하지만 하루 이틀 한다고 바로 좋아지는 게 아니니, 최소 2주 이상 꾸준히 해주셔야 강아지한테 맞는 방법인지 아닌지 알 수 있습니다. 천천히 노력해주세요.

퇴근 후 들어갔을 때 흥분하는 강아지

보호자가 퇴근 후에 집으로 들어가게 되면, 강아지는 오랜만에 보호자를 만나게 되니 엄청나게 흥분하는 경우가 많습니다. 꼬리를 살랑살랑 흔들고 낑낑 소리도 내며 앞발을 들어 사람 무릎에 올라타고, 짖으면서 안아달라고 하는 강아지도 있습니다. 그러면 보호자께서는 어떻게 해주고 계신가요?

"오구오구~ 내 새끼~ 잘 있었어?"

이렇게 하시는 분들이 많을 거예요. 보호자도 강아지를 오랜만에 보니 너무 반갑고 인사를 하고 싶겠지요. 하지만 이렇게 하는 게 늘 옳은 방식은 아닙니다. 퇴근 후 들어오자마자 강아지가 흥분했을 때 바로 반겨준다면, 강아지들의 인사법은 보호자가 들어오고 > 내가 흥분하면 > 나를 반겨주네? 라고 생각하기 때문에 흥분이 진정되지 않으며, 앞발로 올라타서 슬개골에 무리가 갈 수도 있습니다.

이런 점 때문에 교육을 해보려고 퇴근 후 반겨주지도 않고 무시하고 계신 분도 있습니다. 그런데 이것도 좋은 방법은 아니에요. 강아지 입장에서 하루 종일 기다렸는데 왜 보호자가 인사를 안 해주지? 속상할 수도 있고, 예뻐해줄 때까지 5~10분 동안 계속 흥분하는 강아지들도 있습니다. 그렇다고 퇴근 후 들어왔는데 흥분한다고 혼낼 수도 없지요. 이번 단락에서는 가장 기본적이고 올바른 인사법을 알아보도록 하겠습니다.

1. 하우스 교육을 통해 인사하기

하우스 교육은 강아지가 방석이나 켄넬 안에 들어가서 앉거나 엎드리면 간식을 주는 교육입니다. 멀리서도 하우스! 이러면 자신의 공간에 들어가 앉아야 합니다. 항상 신발장에 간식통을 두고, 퇴근 후 집을 들어오자마자 간식통을 들고 간식을 보여주며 하우스 교육을 해주세요. 처음 이 연습을 할 때 들어가자마자 간식을 보여주며 하우스로 보내면 일단 말을 안 들을 거예요. 너무 흥분해서 간식이 보이지도 않고 말을 안 들을 수도 있습니다. 5분이 걸리든 10분이 걸리든 계속 하우스~ 하우스~ 하면서 하우스로 보내주셔야 합니다.

계속하다 보면 몇분 후에는 진정이 돼서 하우스로 가겠죠? 그다음 하우스 가서 앉으면 간식 하나 주고 옳지, 잘 있었어? 가벼운 터치 정도는 괜찮습니다. 그러면 또 흥분할 거예요. 그러면 또 앉아, 기다려, 이렇게 계속 흥분도를 낮춰주시는 거죠. 이렇게 한 다음 뒤돌아서 가려고 하면 또 쫓아와서 흥분할 거예요. 그러면 또 하우스~ 앉아! 기다려! 이런 식으로 계속 반복해주세요.

이렇게 하다 보면 보호자가 들어오자마자 내가 방석으로 가서 차분해지면 나한테 인사를 해주고 간식도 주네? 보호자가 들어오면 하우스에 차분히 가서 앉아있어야겠다, 이런 생각이 들면서 사람이 퇴근 후 집으로 들어가게 되면 알아서 자기 방석에 앉아서 기다리는 습관을 들일 거예요. 퇴근 후에도 계속 연습하시고, 평소에 집에 같이 있을 때 하루에 두세 번 정도? 대문 나갔다 들어와서 하우스로 보낸 후 간식 주기 연습을 해주셔도 됩니다. 하루 이틀 내에 좋아지진 않을 거예요. 최소 2~4주 정도는 꾸준히 해주셔야 합니다.

이렇게 연습해야 보호자가 들어왔을 때 흥분하지 않고 차분하게 인사하는 강아지가 될 수 있습니다. 보호자들도 퇴근 후에 반갑다고 강아지가 흥분하는데 바로 인사해주지 말고, 흥분했을 때는 하우스로 보내거나 안돼를

금쪽같은 내 강아지,
어떻게 키울까?

통해서 진정을 시키신 후에 차분해지면 그때 보호자도 차분하게 인사를
해주세요.

2. 손바닥 교육 응용하기

사람과 강아지와의 제스처입니다. 즉, 손바닥을 보이면 엎드리는 교육이
지요. 손바닥 교육을 알려준 후에 퇴근 후 들어오자마자 간식을 들고 손바
닥을 보여주고 엎드리면 간식 하나 주고, 또 한 걸음 간 후에 손바닥 보여
주고 엎드리면 간식, 그리고 가벼운 인사, 이렇게 계속 반복해주시면 됩니
다. 사람이 들어오면 내가 엎드려야 인사를 해주네? 라고 생각을 하게끔이
요. 제가 알려드린 방법을 한 후에 강아지가 차분해졌다고 높은 톤으로 오
구오구, 너무 잘했어! 하면 또 흥분할 테니까, 잘 있었어? 하고 차분하게
인사해주셔야 합니다.

하우스(켄넬교육)

인터넷에 나온
방법을 따라 해도
고쳐지지 않아요

    제 유튜브 채널 이외에도 수많은 영상매체에서 알려주는 교육방법들을 따라해보신 분들이 많으실 거예요. 그 방법을 해서 잘 되는 강아지들이 있는 반면, 전혀 되지 않는 강아지들도 있을 거예요. 하라는 대로 했는데 왜 안 될까요?

    강아지가 짖을 때는 이렇게 해라, 배변훈련은 이렇게 해라, 강아지가 물었을 때는 이렇게 해라, 산책할 때 흥분한다면 이렇게 해라…. 강아지의 문제행동 교육방법은 정말 많죠. 똑같이 교육했는데, 어떤 강아지는 되고 어떤 강아지는 안 됩니다. 그 이유에 대해서 정확히 말씀을 드릴게요.

우리 강아지한테는 어떤 방법이 맞는 걸까?

1. 내 강아지한테 맞지 않는 방법이라서

예를 들어 강아지가 외부소리에 짖는다고 했을 때, 짖는 이유에 대해서 원인을 파악하고 그에 맞는 교육방법을 해야 하는데, 짖는 이유도 파악 안 하고 무작정 교육방법만 따라 하다 보니 당연히 효과가 없는 거죠. 집을 지키려고 짖는 강아지들은 보호자가 지켜준다는 인식을 하게끔 하는 교육방법을 해야 하고, 지키려고 짖는 게 아니라 소리가 무서워서 짖는 강아지들은 그 소리를 긍정적으로 생각할 수 있는 교육을 해야 합니다.

방문교육을 가서 집안 환경을 보고 보호자님과 상담을 하다 보면 대부분 강아지 문제행동의 원인이 파악되기 때문에, 강아지가 왜 짖는지 이유를 알 수가 있고, 그에 맞는 교육방법을 알 수가 있습니다.

바로 이 부분이 방문교육의 큰 장점이에요. 외부소리에 짖는 강아지 교육방법은 정말 많습니다. 따라서 강아지가 문제행동이 있다면 개선방법에만 집중을 할 게 아니라, 문제의 원인 파악을 먼저 한 후 그에 맞는 교육방법을 찾아야 합니다.

3. 보호자가 꾸준한 교육을 하지 않아서

방문교육을 가서 어떤 교육을 해보셨냐고 여쭤보면, 대부분 인터넷에 검색해서 정말 다양한 방법을 해보셨더라구요. 그 방법을 며칠이나 해보셨냐고 여쭤보면 2~3일, 길어야 일주일 정도가 대부분이었어요. 그렇게 짧게 하시니 당연히 안 되는 거죠.

강아지 문제행동은 며칠 한다고 좋아지지 않습니다. 하나의 교육방법을 최소 2주 이상은 해봐야 그 방법이 그 강아지한테 맞는지 안 맞는지 알 수 있습니다. 그리고 그 교육을 하루에 한두 번 한다고 좋아지는 게 아니에요. 하루 종일 시간 될 때마다 계속 교육을 해주셔야 합니다. 그런데 보호자도 일을 하다 보면 육체적으로 힘들어서 대부분 교육을 오래 하지 못하더라구요.

3. 훈련사가 노하우를 모두 알려주는 건 아니라서

반려견 훈련사는 오랜 경력이 쌓이면서 자신만의 노하우가 생기는데, 모든 사람에게 노하우를 알려주는 건 아니에요. 교육방법을 다 오픈하게 되면 다른 훈련사들이 따라 해서 자신의 사업에 피해가 갈 수 있기 때문이죠. 저는 유튜브를 통해 노하우를 많이 오픈하는 편이지만, 대부분 기본적인 교육방법만 알려주는 경우가 많습니다.

4. 이상한 방법이라서

짖을 때는 목줄을 당겨라, 초크체인을 써라, 손가락을 입에 넣어라, 코를 때려라, 무릎에 올려놓고 배를 뒤집어 까라…. 검색을 해보니 이상한 방법을 하라고 하는 사람들이 정말 많더라구요. 이런 방법은 절대 해서는 안 됩니다. 어떤 훈련사는 강하게 훈육을 해야 한다고 하고, 어떤 훈련사는 칭찬만 하라고 하고, 말이 다 다릅니다.

저도 강아지를 직접 보지 않는 이상 어떻게 하라고 말씀을 드릴 수는 없어요. 어떤 강아지는 훈육을 해야 하고, 어떤 강아지는 칭찬만 해야 하고, 어떤 강아지는 칭찬과 훈육을 같이 해야 합니다.

강아지 문제행동을 진심으로 고치고 싶다면 강아지가 왜 그런 행동을 하는지 이유부터 파악해야 합니다. 그리고 그에 맞는 교육방법을 찾아보고 한 가지 교육방법을 최소 2주 이상 해보는 게 좋습니다. 2주 동안 꾸준히 했는데도 좋아지지 않으면, 또 다른 교육방법을 2주, 이런 식으로 계속 노력해주세요. 여전히 나아지지 않는다면, 그때는 전문가의 도움을 받아보시는 게 좋습니다. 반려견 훈련사라 해도 교육방식이 다를 수 있으니 어떤 교육방법을 하는지, 교육후기는 얼마나 있는지, 잘 알아보신 후 선택하시면 됩니다.

Chapter 7

강아지의 여름나기와 겨울나기

더위를 한 방에
날려 보낼 여름철 간식

강아지는 사람에 비해 더위에 훨씬 취약한 거 아시죠? 그래서 여름 준비를 잘 해주셔야 합니다. 무더위에 식욕도 떨어지고 사료도 잘 먹지 않고 집 안에서 잠만 잔다면, 더위를 먹었다고 할 수 있어요. 실내에서 에어컨을 많이 켜놓는데, 강아지는 사람보다 평균온도가 높다 보니 에어컨을 강하게 틀면 냉방병에 걸릴 수도 있으니 항상 적당한 온도를 유지해주세요.

이번 단락에서는 더위를 한 방에 날려 보낼 강아지 여름철 간식 6가지를 알려드리겠습니다.

1. 얼음

다들 냉동실에 얼음은 있으시죠? 여름의 필수템이지요. 강아지가 좋아하는 과일이나 간식을 얼려서 주셔도 되고, 그냥 물로 된 얼음을 주셔도 됩니다. 강아지는 입이 작은데 큰 얼음 떡하니 주면 먹기도 힘들뿐더러 목에 걸릴 수도 있겠죠? 강아지한테 맞는 크기를 주셔야 합니다. 얼음을 넣어서 얼음물로 주셔도 됩니다. 얼음을 아그작 아그작 씹으면서 먹는 강아지들이 있어요. 얼음을 먹는 소리가 얼마나 귀여운지 몰라요. 하지만 차가운 것을 갑자기 많이 먹게 되면 좋지 않으니 적당히 주셔야 합니다. 얼음을 떡하니 그냥 주면 강아지들이 바닥에 놓고 먹는 경우가 많은데, 위생상 좋지 않으니 깨끗한 바닥에 주시거나 물그릇에 담아서 주세요.

2. 수박

수박은 전체의 90% 이상이 수분이기 때문에, 수분을 충전하기 좋습니다. 최고의 영양 과일이라고 해도 손색이 없을 정도로 여름철 최고의 과일이죠. 하지만 급여할 때 껍질과 씨를 반드시 제거해주셔야 하며, 수박을 너

무 많이 급여한다면, 과도한 배뇨와 위 팽창 등을 유발할 수 있으니 주의해 주셔야 합니다.

3. 블루베리

블루베리가 좋다는 건 다들 알고 계시죠? 비타민과 미네랄이 풍부하며 혈당을 조절하고, 심장혈관을 향상시켜주며, 암세포의 성장을 억제한다고 해요. 뇌의 건강과 정신기능을 향상시킨다는 연구 결과도 있어서, 노견이라면 치매예방에도 좋을 것 같아요. 하지만 너무 많이 먹게 되면 변비와 설사, 위장장애와 과민반응을 유발할 수 있으니 많이 주시면 안 됩니다. 그렇다면 과일을 얼마나 줘야 할까요? 간식 포함 과일은 강아지가 하루 먹는 사료 양의 10퍼센트 정도로 주시는 게 가장 적당합니다. 그리고 냉장 블루베리보다 냉동 블루베리를 주시면 더 잘 먹는 강아지도 있습니다.

4. 참외

참외는 수분이 풍부해 이뇨작용에 도움이 되고, 신장질환도 예방할 수 있어 정말 좋은 과일입니다. 차가운 성질로 몸에 열을 식혀주고 갈증을 해소시켜 줍니다. 이 밖에도 간을 해독하는 효과까지 있다고 하니 건강한 강아지에게도 좋지만, 아픈 강아지에게도 좋을 것 같아요. 특히 비타민C가 풍부하여 항산화와 피로회복에 도움을 줍니다. 참외도 마찬가지로 껍질과 씨앗 안쪽 하얀 부분은 제거해주셔야 합니다. 당분이 많이 들어있으니 적당히 주세요.

5. 강아지 아이스크림

강아지 아이스크림도 있다는 거 알고 계셨나요? 인터넷에 검색해보면 정말 많은 제품이 나올 거예요. 맛별로 있고 건강한 성분으로 되어있는 것도 있다 보니, 제품에 대한 알러지 성분을 참고하셔서 강아지에게 맞는 제품을 구매해주세요. 사람도 아이스크림을 많이 먹으면 배탈 나는 것처럼, 강아지도 마찬가지이니 적당히 급여해주세요.

6. 건식사료가 아닌 습식사료

일반적으로 판매되는 강아지 사료는 건식이 많습니다. 평소 음수량이 적은 강아지에게 습식을 주지만, 체내수분이 많이 필요한 여름철에도 습식을 주면 좋습니다. 주의할 점! 습식사료가 기호성이 좋다 보니 나중에 건식사료를 주게 되면 안 먹을 수도 있어요. 이 부분 참고하셔서 급여해주세요.

여름철 간식, 과일 줄 때 주의할 점!

강아지는 특정식품에 알러지 반응을 보일 수도 있으며, 급여했을 때 구토나 설사를 한다면 바로 중단해주셔야 합니다. 과일을 처음 먹어보는 강아지라면 양을 조금 급여해보고, 하루 이틀 후에 괜찮다면 조금씩 늘리는 게 좋습니다. 더위를 극복한다고 맛있는 과일을 많이 먹게 되면 당연히 사료를 잘 안 먹게 되겠죠? 그래서 적당히 주셔야 합니다. 질병이 있거나 6개월 미만의 어린 강아지, 노령견들은 수의사 선생님과 상담 후 급여를 해주세요.

실내 여름나기 꿀팁

강아지들에게 무더위는 생각보다 중요한 문제일 수 있습니다. 이번 단락에서는 무더운 여름나기 꿀팁을 알려드리겠습니다.

1. 강아지용 대리석

이미 많이 쓰고 있는 분도 계시겠죠? 강아지들이 현관에서 쉬는 경우가 정말 많은데, 그 공간이 집안에서 가장 시원하고 시원한 바닥 대리석으로 되어있기 때문입니다. 하지만 현관은 위생상 좋지 않으니. 강아지 전용 대리석을 구매하셔서 강아지가 많이 쉬는 공간에 두면 좋을 것 같습니다.

대리석 밑에 얼음팩을 놓을 수 있는 것도 있더라구요. 요즘 정말 핫한 아이템들이 많은 것 같아요. 여러 업체 후기를 꼭 읽어보시고 구매해주세요. 하지만 비싼 대리석을 사준다고 모든 강아지가 다 대리석에서 쉬는 건 아닙니다. 아무리 더워도 맨바닥에 엎드려있는 걸 싫어하는 강아지들도 있으니, 잘 생각해보시고 구매해주세요. 구매했는데도 대리석에서 쉬지 않는다면, 그 대리석으로 하우스 교육을 해보세요. 대리석 위에 올라가서 앉으면 간식 뼈다귀나 장난감을 주세요. 그러면 조금 더 올라갈 확률이 높아질 겁니다.

3. 강아지 쿨매트

대리석 느낌을 싫어하거나 푹신푹신한 방석을 좋아하는 강아지들은 쿨매트를 구매하셔도 좋을 것 같습니다. 인터넷에 검색해보면 정말 많은 상품이 나오는데, 후기를 잘 보시고 구매를 해주세요. 여름나기를 위해 쿨매트를 구매했는데, 이 또한 모든 강아지가 쿨매트에서 잘 쉬는 건 아닙니다. 원래 쓰던 방석을 너무 좋아해서 가지 않을 수도 있고, 너무 차가워서 가지 않을 수도 있고, 낯설어서 가지 않을 수도 있습니다. 보호자 근처에서 쉬곤 하던 강아지들도 당연히 안가겠죠? 그리고 쿨매트가 새로운 장난감인 줄 알고 물

고 뜯고 놀 수도 있어요. 쿨매트를 구매했는데 전혀 쉬지 않는다면, 대리석처럼 하우스 교육을 해주시는 게 좋습니다. 그리고 기존에 쓰던 방석 옆에 두면 자신의 공간이라고 훨씬 더 인식을 잘하게 돼서 잘 쓰게 될 수도 있습니다.

3. 쿨링티

요즘 정말 많은 강아지 옷들이 나오고 있지요. 그중에서도 여름에는 쿨링티! 원단 재질로 인해 입고만 있어도 시원해질 수 있고, 기능성 쿨링티는 물에 적셔서 물이 기화되면서 주변의 온도를 낮춰주는 원리를 이용한 옷이라고 합니다. 옷 입는 걸 싫어하지 않는 강아지들은 쿨링티도 구매해보세요. 옷 입는 걸 싫어하는 강아지들은 입히지 않아도 됩니다.

4. 선풍기와 에어컨 이용하기

집안에서 여름에도 너무 덥게 생활하시는 분들이 있는데, 실내에서 높아진 체온을 방치하면 강아지가 탈진이 올 수도 있기에 꼭 신경을 써주셔야 합니다. 여름철 없어서는 안 될 선풍기와 에어컨, 몇 가지 주의사항을 알려드리겠습니다.

선풍기: 강아지가 더울까 봐 선풍기를 틀고 나가시는 분들이 있는데 화재위험이 있으니 틀고 나가더라도 예약을 걸어 놓으시는 게 좋습니다. 혹여나 강아지가 전선을 물어뜯고 놀 가능성이 있다면 안전을 위한 울타리 설치도 잊지 않아야겠죠. 간혹가다 선풍기에 강아지 털이 낄 수도 있으니 유의해주셔야 합니다. 가장 기본

적인 걸 생각하지 않다가 정말 큰 사고가 일어날 수도 있으니 지금부터라도 꼭 신경 써주세요.

에어컨: 강아지가 혼자 있을 때 집안이 너무 더울 것 같다고 낮은 온도로 해놓고 나가시는 분들이 있는데, 감기에 들 수 있어요. 실내 적정온도는 강아지마다 다르지만, 일반적으로 26도 정도로 해놓고 창문을 조금 열어놓는 게 좋습니다. 온도설정을 해놓고 나가시면 전기세 폭탄이 나올 일도 없겠죠?

5. 한낮 산책은 피하기

여름철 한낮에는 아스팔트 온도가 60도 이상 올라가기 때문에 강아지가 몹시 더워할 수도 있고, 아스팔트가 정말 뜨겁기 때문에 발바닥에 화상을 입을 수도 있습니다. 따라서 땡볕에는 절대 나가지 마시고, 서늘한 오전이나 저녁에 나가주세요. 매번 산책을 나가면 강아지가 너무 좋아하겠지만, 무더운 여름에 산책을 오래 하면 위험할 수 있으니 강아지 상태를 보면서 힘들어하지 않는 선에서 해주셔야 합니다.

6. 강아지를 차 안에 혼자 두지 않기

여름철 강아지를 차를 태울 때 정말 중요한 내용이 있습니다. 강아지 체온이 40도가 넘은 채로 20분이 넘거나 시동을 끈 차 안에 20분 이상 방치한다면, 위험한 상황이 발생할 수도 있습니다. 사람 아이도 마찬가지잖아요? 여름철에는 강아지를 절대 혼자 차 안에 두지 마세요.

추운 겨울 산책할 때 주의할 점

날씨가 추워지면 산책을 못 나가는 경우도 있으시죠? 우리 개린이들 산책하는 게 삶의 낙인데, 너무 속상한 상황이죠. 강아지가 산책을 너무 좋아한다고 영하 10~15도에도 무리하게 나가시는 분들이 있는데, 한파에는 산책을 나가지 않는 게 좋습니다. 겨울에 산책을 잘못했다가는 큰일 날 수도 있기에, 보호자들이 올바른 정보를 아시는 게 중요합니다. 이번 단락에서는 겨울 산책할 때의 주의사항을 몇 가지 알려드리겠습니다.

1. 염화칼슘이 피부에 닿지 않도록 하기

추운 겨울 눈이 내리면 제설을 위한 염화칼슘을 길에 도포하는 걸 자주 볼 수 있죠? 강아지들은 눈이 내리면 팔짝팔짝 뛰거나 눈 위에서 온몸을 뒹구는 걸 좋아하는 아이들도 많지요. 이때 염화칼슘이 피부에 닿을 수 있습니다. 칼슘과 염소가 반응해 만들어진 이 물질은 눈을 녹이고 다시 어는 것을 방지하기 때문에 제설작업이나 교통사고의 위험이나 예방 차원에서 사용되지만, 강아지의 피부에 닿으면 염증이나 습진과 같은 피부병을 유발할 수 있어서 정말 조심해주셔야 합니다. 그리고 염화칼슘을 맨발로 밟았을 때 화상을 입을 수도 있으며, 극심한 통증을 유발하기도 합니다. 염화칼슘이 많이 뿌려지는 곳은 대부분 차가 다니는 도로지만, 걷다가 미끄러지지 말라고 인도에도 많이 뿌려져 있습니다. 그래서 겨울 산책을 다녀온 후에는 반드시 발을 깨끗하게 닦아주셔야 합니다. 산책할 때 다리를 들어 올리거나 낑낑댄다면, 이와 같은 원인 때문일 수 있으니 산책하는 동안 주의 깊게 살펴보셔야 합니다.

그러면 눈 오는 날에는 어디로 산책을 해야 하나요?

눈이 많이 온 후 집 근처나 산책로에 염화칼슘이 많이 있을 것 같다면, 집에서부터 강아지를 안고 이동해서 사람의 흔적이 없는 공원 같은 곳에 가서 내려놓으세요. 공원에서도 풀숲 같은 곳에 내려놓으면 더 좋겠죠? 풀숲에는 굳이 염화칼슘을 뿌리진 않을 테니까요. 하지만 혹시 모르니 잘 보셔야 합니다. 그러면 눈에서 뒹굴뒹굴하면서 재미있게 놀 거예요. 대형견은 안을 수가 없으니, 조심해서 이동해주세요.

강아지들이 눈을 밟을 때 주의사항이 있습니다. 눈이 뒤덮인 길을 걷다 보면 바닥에 뾰족한 이물질이 있을 수 있기에 확인을 하며 조심히 안전하게 다녀주셔야 해요. 그런데 눈이 오면 강아지들이 팔짝팔짝 뛰는 이유 혹시 아세요? 즐거워서 뛰기도 하지만, 발이 너무 차가워서 뛰는 경우도 많답니다.

2. 준비운동하고 산책 나가기

사람도 강아지도 겨울에는 몸이 많이 움츠려있고 근육도 긴장하게 되어 있는데, 몸이 풀리지 않은 상태에서 바로 야외로 나가서 산책하다 보면 관절에 무리가 갈 수도 있습니다. 준비운동은 겨울철에만 하는 게 아니라, 사계절 내내 하고 산책하는 게 좋습니다.

그럼, 산책 전 준비운동은 어떻게 해야 할까요?

산책줄을 한 상태로 바로 나가는 게 아니라, 집 거실 중앙에서 간식을 들고 앉아, 를 시켜주는 거예요. 간식을 보지도 않고 앉아도 하지 않는다면, 가만히 기다리세요. 몇 분 후에는 앉을 거예요. 그다음 주방 쪽으로 간 다음 앉아, 하고 간식, 그다음 거실 쪽으로 간 다음 앉아, 하고 간식, 그다음 방 쪽으로 가서 앉아, 하고 간식, 이렇게 해주시면 됩니다. 어렵지 않죠? 터치 교육을 배워서 터치를 하고, 앉아 교육을 하면서 집안 산책을 해주시면 좋습니다. 이렇게 집안 곳곳을 왔다 갔다 하면서 준비운동을 꼭 해주세요. 리드줄을 한 상태로 하우스 교육을 해도 되고 손, 엎드려, 기다려 같은 개인기를 해주셔도 됩니다. 5~10분 정도 한 후에 산책을 나가면 됩니다.

3. 산책 시간 제한하기

많이 추운 날씨에는 산책을 무리하게 하지 말고 시간제한을 두고 해주시는 게 좋습니다. 봄, 가을 기준으로 한번 나갈 때 40분 정도 했다고 겨울 한파에도 똑같이 하시는 분도 있는데, 정말 추울 때는 배변만 하고 들어온다거나 10분 정도 짧게 나가주시는 게 좋습니다. 산책을 많이 안 나갔던 강아

지가 갑자기 추운 날씨에 나가게 되면 당연히 감기가 들고 아플 수 있겠죠.

봄 여름 가을 겨울 4계절 산책을 꾸준히 나갔던 강아지들은 이미 우리나라 날씨에 적응했기 때문에 쌀쌀할 때도 나가고, 추울 때도 나가다 보니, 몸도 적응하고 추위에 잘 견딜 수 있어요. 하지만 가을 겨울에 산책을 많이 안 나갔던 강아지가 갑자기 추운 날씨에 나가게 되면, 당연히 몸에 이상이 생길 수 있겠죠. 그래서 사계절 내내 매일같이 꾸준한 산책이 중요합니다.

4. 털이 짧을수록 더 완전무장 하기

단모종인 강아지는 추위에 많이 약할 수밖에 없습니다. 그래서 패딩이나 두꺼운 옷을 꼭 입혀주셔야 합니다. 그렇다고 이중모를 가진 강아지들이 추위를 안 탄다는 건 아니니, 영하의 날씨라면 이중모를 가진 친구들도 꼭 옷을 입혀주세요. 옷 입는 걸 불편해하거나 싫어하거나 입힐 때나 벗길 때 공격성이 있는 강아지들은 따듯한 옷보다는 쉽게 착용할 수 있는 옷을 구매해주시는 게 좋습니다. 인터넷 검색하시면 편하게 입을 수 있는 옷이 정말 많을 거예요. 옷 입는 걸 싫어하는데도 추워하니까 억지로 입히고 나가시는 분들이 많습니다. 발을 잡고 끼는 옷, 억지로 얼굴을 넣어야 하는 옷 등 어쩔 수 없이 입히고 계시는 분들이 있는데, 강아지에게는 오히려 스트레스일 수 있습니다. 옷 입는 걸 싫어하는 강아지라면 먼저 옷 입는 교육부터 해주셔야 합니다.

겨울에 산책할 때
옷 입혀야 할까요?

날씨가 추워질수록 산책을 덜 나가는 분이 있는데, 그래도 산책은 해주셔야 합니다. 산책이 강아지들에게는 가장 큰 행복이거든요.

"선생님, 강아지도 추위를 타나요?"

많은 분이 이렇게 물어보시는데 당연히 강아지도 추위를 탑니다. 견종과 사이즈에 따라 차이는 있지만 소형견 기준으로 영상 4도 이하부터는 조심해야 하고, 영하 4도부터 옷을 입혀야 해요. 영하 12도에 오래 노출되면 생명이 위험할 수 있습니다. 하지만 이 부분 또한 반려견의 평소 일상패턴에 따라 많이 달라질 수 있다고 생각해요.

봄 여름 가을 겨울 4계절을 매일 꾸준히 나갔던 강아지들은 우리나라 온도에 대해서 어느 정도 적응이 되어있습니다. 쌀쌀할 때도 나가고 추울 때도 나가다 보면 몸도 적응하다 보니 추위에 잘 견딜 수 있어요. 하지만 산책을 잘 안 나가던 강아지가 갑자기 추운 날씨에 나가게 되면, 당연히 감기가 들고 아플 수가 있겠죠? 그래서 매일 꾸준한 산책이 중요합니다.

영상 4도 이하부터 내려간다면 강아지들한테 옷을 입히는 게 좋은데, 옷 입는 걸 싫어하는 강아지들이 많습니다. 예민한 강아지들이 특히 그렇죠. 옷을 입으면 걷지도 않고 꼬리가 빠짝 내려가 있고, 무서워하죠. 옷을 입히려고 하면 거부의 뜻으로 무는 강아지도 많습니다. 옷에 대해서 거부감을 없애는 교육을 해도 불편해하는 강아지들이 많더라구요.

강아지 옷 종류가 정말 많지요. 양발에 끼는 올인원 같은 티셔츠 같은 옷이 정말 예쁘긴 한데, 강아지들이 이런 종류의 옷을 제일 적응하기 힘들어하는 것 같아요. 입힐 때 굉장히 불편해요. 강아지들이 앞발을 만지는 것도 싫어하는데, 억지로 발을 만지면서 끼다 보니 점점 불편해하는 거죠.

저는 개인적으로 티셔츠 같은 옷보다 최대한 발을 만지지 않아도 되는

조끼 같은 옷을 선호합니다. 편하게 입히는 옷들이 많으니, 예쁜 것보다는 입기 편한 걸 구매해주시는 게 좋아요. 만일 강아지가 옷 입는 걸 좋아하고 괜찮아한다면 아무거나 입혀도 상관없지만, 불편해하거나 싫어하거나 무서워한다면 발을 만지지 않아도 되는 옷을 입히는 게 좋습니다.

실내에서는 옷을 입히지 말아주세요. 강아지의 평균 적정온도가 18~22도라고 하는데, 겨울에 난방을 틀면 대부분 그 정도는 되잖아요. 집안에서 옷을 입으면 많이 더워할 수 있습니다. 견종에 따라 조금 다르긴 한데, 털이 긴 포메라니안 같은 장모종보다는 치와와 같은 단모종이 아무래도 추위를 더 느끼겠죠? 시베리아, 말라뮤트 같은 견종은 특성화된 견종이다 보니 추위에 잘 견딜 수가 있는데, 하운드 같은 계열의 강아지들은 단모종에다가 열을 잘 못 내는 특성이 있어서 추위에 많이 약합니다. 그래서 하운드 계열의 강아지는 겨울에 정말 조심해야 하며, 옷을 꼭 입혀야 합니다.

만약 여러분들의 강아지가 겨울에 산책을 많이 다녔는데 옷을 입히지 않아도 떨지 않고 잘하고 아프지 않았다면, 굳이 옷을 입힐 필요가 없습니다. 겨울에 옷을 입히고 산책을 하다 보면 몸에 땀도 많이 나고, 그러면 목욕도 많이 해줘야 해요. 피부도 숨을 쉬어야 하는데, 그렇지 못하니 입히지 않는 게 가장 좋다고 생각합니다. 추위를 잘 견디지 못하는 강아지라면, 영상 4도 이하부터는 조끼 같은 것을 입혀서 산책해주시는 게 좋습니다.

겨울에 특히 실내에서 문제행동이 많이 생기곤 합니다. 강아지들이 산책을 못 나가면 스트레스 풀 곳이 없어서 집안에서 문제행동으로 이어질 수 있습니다. 겨울 산책도 거르지 마시고 많이 해주세요.

금쪽같은 내 강아지, 어떻게 키울까?

초판1쇄 2022년 10월 7일 **지은이** 박두열 **펴낸이** 한효정 **편집교정** 김정민 **기획** 박자연, 강문희 **디자인** purple **일러스트** 마숑 **마케팅** 안수경 **펴낸곳** 도서출판 푸른향기 **출판등록** 2004년 9월 16일 제 320-2004-54호 **주소** 서울 영등포구 선유로 43가길 24 104-1002 (07210) **이메일** prunbook@naver.com **전화번호** 02-2671-5663 **팩스** 02-2671-5662 **홈페이지** prunbook.com | facebook.com/prunbook | instagram.com/prunbook

ISBN 978-89-6782-175-3 13490
ⓒ 박두열, 2022, Printed in Korea

값 16,000원

이 도서의 국립중앙도서관 출판예정도서목록(CIP)은 서지정보유통지원시스템 홈페이지(http://seoji.nl.go.kr)와 국가자료공동목록시스템(http://www.nl.go.kr/kolisnet)에서 이용하실 수 있습니다.